数码摄影用光和色彩
从入门到精通

FASHION 视觉工作室 编著

中国摄影出版社

China Photographic Publishing House

前言

PREFACE

“摄影”一词源于希腊语，本义是“用光线来绘画”。光是摄影创作的灵魂，如果没有光，摄影从何谈起？我们拿起相机，就意味着进入了光的领域。作为摄影师，在创作中最主要的精力都是在琢磨光线。

一幅优秀的摄影作品，其用光应是恰到好处的。当万物以其色彩缤纷的姿色呈现在世间时，我们追寻着美，渴望记录下这美的一切。但离开了光，一切又会回到黑暗的深渊。光是光明与斑斓色彩的源泉。不同的物体在光线下会有不同的颜色，同一物体在不同的光源照射下又会有不同的色彩。作为摄影者如何正确地把握住光，如何去正确地反映色彩或表现自己的创作意图，除了器材因素外，没有什么比巧妙地运用光线更重要了！

本书将数码单反摄影中两个最难以掌控的方面——用光与色彩逐一进行深入细致的讲解，这两方面既包含了技术领域的要点，也囊括了艺术范畴中的精华。作者由浅入深，循序渐进地向大家讲述摄影用光的要点，以及色彩在摄影中的运用。

参与本书编写的包括：李倪、张爽、易娟、杨伟、李红、胡文涛、樊媛超、张严芳、檀辛琳、廖江衡、赵丹华、戴珍、范志芳、赵海玉、罗树梅、周梦颖、郑丽珍、陈炜、郑瑞然、刘琳琳、楚晶晶、赵静宇、惠文婧、袁劲草、费晓蓉、钟叶青、周文卿、陈诚等。由于作者水平有限，书中难免有疏漏之处，恳请广大读者朋友给予批评指正。

目　录

CONTENTS

Chapter 01 摄影中的光

Chapter 02 捕捉光影的第一步——测光与曝光

Chapter 03 巧妙运用自然光

Chapter 04 巧妙运用现场光

Chapter 05 摄影专用灯光

Chapter 06 色彩基础

Chapter 01

摄影中的光

光的魅力

光是人们日常生活中最为熟悉的一种自然现象，它存在于人们日常生活的方方面面，是人们日常生活中不可或缺的元素。

什么是光

光在一些场合表现为波，而在另一些场合又以“粒子”的面貌出现，我们之所以能看到物体，就是因为物体上的各点发出光的（或反射、折射的光）信号，被人的眼睛所接收，引起大脑反射，给出视觉感受的结果。从而人们可以区别物体的颜色、形状、远近等。

“摄影就是用光线来作画”，想必这句话大家都有听过，接下来会一步步为大家讲解摄影中光线的创造性利用。

阳光下的美女

在自然光线下，女孩惬意地舒展着双臂，脸上露着迷人的笑容，自然、开朗、阳光。侧逆光线的运用更使得画面看起来明朗、亮丽。

光圈：F9　快门速度：1/320s
感光度：ISO125　曝光模式：光圈优先

散射光下的古老城镇

散射光本身的柔和性让古老的城门显得过分的灰暗，而阴天的光效更显示出一种难以言喻的低沉，此时此刻，在这里矗立了几百年的古老城镇如垂暮的老人，没有生气。

光圈：F5.6　快门速度：1/125s
感光度：ISO100　曝光模式：光圈优先

阳光下劳作的农民

阳光、土地、丰收、喜悦……图中是在阳光下劳作的农民，他们把已经成熟的玉米放入背篓中。

光圈：F9　快门速度：1/160s
感光度：ISO100　曝光模式：光圈优先

直射光线下的树木

万物的生长都离不开太阳光，也只有充足的阳光它们才能够茁壮成长。图中是一棵百年大树，它在太阳的照射下傲然挺立。

光圈：F11　快门速度：1/45s
感光度：ISO200　曝光模式：光圈优先

灯光中的鸟巢

夜晚的灯光点亮了人们的生活，夜幕降临时，灯火绚烂而多彩，宁静而美丽。

光圈：F8　快门速度：5s
感光度：ISO400　曝光模式：光圈优先

美丽的油菜花

阳光下，油菜花尽情绽放，蓝色的天空下朵朵白云与绿色的山脉相接，煞是好看。

光圈：F16　快门速度：1/125s　感光度：ISO100　曝光模式：光圈优先

光在摄影中的作用

光对于初学者来说概念很笼统，往往局限于只要画面光线足够，使画面清晰即可。殊不知，光是摄影造型最基本的元素，摄影中运用光线可以塑造不同的画面效果。

不论摄影技术如何发展，手中的相机如何智能，要想拍出好的摄影作品，用光总是必不可少的，没有光线的处理就不会有摄影这门艺术的存在。另外，光决定着一幅照片的影调、层次、色调、质感等。可以说光是摄影的灵魂，在摄影创作中，如能充分调动摄影的艺术手段来巧妙地运用光线，就能成功地表达出作品的主题，表现作品的思想内容，从而获得良好的造型效果，加强艺术作品的感染力。如果要想摆脱技术上的平庸，那么就学着怎样把光用到极致吧。理解光线之间的细微差别，并且掌握如何利用它，将对拍摄出好的摄影作品起到决定性的作用。

早上的光线

早上八九点钟，太阳的光线斜斜地照射在大地上，让干枯的树干在地上留下长长的影子，给人一种清新凛冽之感。

光圈：F11　快门速度：1/60s
感光度：ISO100　曝光模式：光圈优先

别具一格的顶光

当太阳越升越高时，光线也会随之发生变化，此时拍摄的画面更多了一分透彻与清晰，给人顺畅感。

光圈：F18　快门速度：1/100s　感光度：ISO100　曝光模式：光圈优先

傍晚时分的逆光

傍晚时分，夕阳西下，此时的光线可以用来很好地勾勒轮廓，让拍摄主体在晚霞中形成剪影。

光圈：F22　快门速度：1/100s　感光度：ISO100　曝光模式：手动

认识摄影中的光

光并非如我们日常所见到的那么简单，初学者应在学习摄影的过程中逐步了解光的知识，并懂得光线处理在摄影创作中的作用。如：色温、色彩、强度、质感、方向、类型、光比等基本术语，然后在实际操作中融入到自己的作品中，从而拍摄出更完美的摄影作品。

驼 队

太阳升起，休息了一整夜的驼队开始了它们新的旅程。在这浩瀚的沙漠中，生命是何其的渺小，而太阳的光线又是那样的热烈而耀眼，但对于沙漠中的驼队来说，这也预示着新一天的酷热即将开始。画面中由近及远的骆驼足迹牵引着我们的视线，把最终的视觉点落在前行的驼队身上，利用逆光拍摄，忽略个体的细节层次，把整个驼队作为一个主体，从而更好地诠释了画面的深意。

光圈：F8　快门速度：1/200s　感光度：ISO100　曝光模式：光圈优先

了解光的必要性

光是我们可以看到的，更是我们相机可以记录的，当你在拍摄时，你的拍摄对象就是发光的、清晰的、简单的物体。但是挑战还是存在的，那就是你看到的和相机所拍摄到的景物是不一样的。这是因为，当我们看到光时，我们的大脑会分析眼睛所接受到的信息，然后把它处理成和我们大脑里原有的对世界的看法相匹配的样子。机器则不然，相机会准确记录下它所“看到”的一切，除非你对它的一些设置做了改变，如对白平衡、光圈的改变等。因此，怎样用光，怎样处理光将决定你照片所传达出的信息是否匹配。

逆光中飘渺的云雾

这个画面是在太阳即将落山时拍摄的，由于逆光的光效，远山蜿蜒起伏，氤氲着山岚雾气，如中国的水墨山水般富有意境美感。加之傍晚色温偏低，整个画面又加上一层淡淡的暖色调，更给人一种怀旧之感。

光圈：F16
快门速度：1/250s
感光度：ISO100
曝光模式：手动

室内光线拍摄静物

利用室内光线拍摄静物时，最重要的就是光线的把控，反光较强的是金属，布置柔和的光线最能表现物体的质感，也不会出现强烈的疵光现象。

光圈：F9　快门速度：1/125s　感光度：ISO100
曝光模式：手动

柔和的光线拍摄美女人像

阴天是拍摄人像的最佳天气，此种天气的光线柔和，拍摄出来的人物肤质细腻、白皙透亮，画面富有美感。

光圈：F1.2　快门速度：1/2000s　感光度：ISO100
曝光模式：光圈优先

光的颜色

光是有颜色的，光的颜色我们称之为“光色”或者说“色光成分”，在摄影的术语中我们称之为“色温”。光色无论在表达上还是在技术上都是重要的，它决定了光的冷暖感，能引起许多感情上的联想，而对构图的意义则主要表现在彩色摄影中。

视觉与色彩

自然界中只有光，本没有色，色彩之所以存在，是因为人类具有视觉感知能力，尤其是人类拥有色彩视觉系统。

人类的色彩视觉系统具有将不同波长的光线转换成相应的色彩进行识别的能力。视网膜上存在三种视锥细胞，而这三种视锥细胞分别敏感于某一特定波长的红、绿、蓝三种光中的一种，这样实际上人只能感觉到一个光谱中的三个颜色，即红、绿、蓝，这三种光色就是最基本的光原色。对于自然界中的纯色光，比如黄色的光，它有自己固定的波长，是一种单纯的光，但是进入人眼后会同时被红色和绿色的感光细胞接受，大脑里面就出现黄色的印象。人们利用这一原理，如果同时把红光和绿光混合在一起看，大脑会将其处理成黄光。

我们大多数人能看到的最短波长的光是紫光，最长的是红光，另外还包括橙色光、黄色光、绿色光、蓝色光，我们统称这些光为可见光。事实上深紫光和深红光在肉眼看来是非常相似的，这也使得这些色光可以很方便地安排在一个环形里面，但事实上，这个光色环并不真正存在，深紫光的光波与深红光的光波只能无限接近，但永远不可能相同。

对于这些色光，我们人为地进一步细分，发现其中有三种光无法被合成，我们称这三种光为“原色光”。三种原色光可以按比例合成任意色光，它们的混合属于加色混和，光会越加越亮，而反映到人眼中就是由三种酶选择性感光后合成任意色光。如果三种酶同时按相同比例感光，就是我们日常所看到的白光，也称为无色光，这也正是当太阳远远高于地平线时所发出的颜色。

光的三原色

红，绿，蓝被称为光的“三原色”，因为在自然界中红、绿、蓝三种颜色是无法用其他颜色混合而成的，而其他颜色可以通过红、绿，蓝的适当混合而得到。

光的颜色

虽然早已有三棱镜将光的色彩进行分离，但想要更直接地了解光的颜色，最直接的方法还是看夜晚的霓虹灯：不同灯所散发出来的光色也各不相同，如钨丝灯散发出淡淡的黄色，荧光灯散发出淡淡的蓝绿色等。

色 温

色温是用光源光谱指标来表达光的颜色。色温单位通常用开尔文温度（k）来表示。色温低的光偏黄，色温高的光偏蓝。在我们的日常生活中，色温的不同所呈现出来的光线的颜色从早到晚时刻在变化，这种变化往往是细微得超乎人们肉眼所能觉察的。直射的阳光混杂了天空的光线，接近于白色或无色，尤以正午前后最为显著；太阳低垂于天际时，光线趋近于黄色或橙色；阴暗处或阴天时，光线是冷色调，主体的采光主要来自天光，这时的光线泛着淡淡的蓝色。了解了这一变化规律，在拍摄时可进行有效的选择。也可以在镜头上加滤色镜，修正光线的颜色，现在的数码相机都具有白平衡功能，可以有效改变光的颜色。

在我们日常所见到的光线中，色温越高，蓝光的成分就越多，色温越低，红光的成分越多。光的色温对彩色摄影来说非常重要，感光材料和色温不匹配就无法得到色彩还原准确的照片，对于数码相机则必须调节白平衡，来得到准确的色还原，正确表现拍摄对象的色彩也是摄影的基础之一，而合理使用或者有意错用色温有时也可以得到意想不到的色彩氛围。

另外需要我们了解的是，虽然理论上说不同的光线色温也各不相同，但我们眼睛所看到的光色往往是“白色”的。这是什么原因呢？白天室内有自然光照明，这时如果打开钨丝灯，可发现灯光的颜色是橙色的；晚上室内以钨丝灯照明时，若射入一缕荧光灯光，光是带蓝青色调的。无论灯光，还是早晨、傍晚、中午、晴天、阴天的日光，在它们某一种光源单独照明下，我们往往觉得这种光是“白色的”，这是由于人眼本能的“视觉适应”或“色觉的守恒性”所造成的，这也是一种普遍存在却很少被意识的现象。

低色温中的暖色调

暮色降临，天空中的色温较低，这时所拍摄出的画面整体色调出现浓重的清冷感，但故宫角楼上亮起的暖暖灯光冲淡了这种冷色调所带来的不安，使得画面呈现出一种漂亮的色彩对比。

光圈：F16　快门速度：5s　感光度：ISO100　曝光模式：光圈优先

暖色

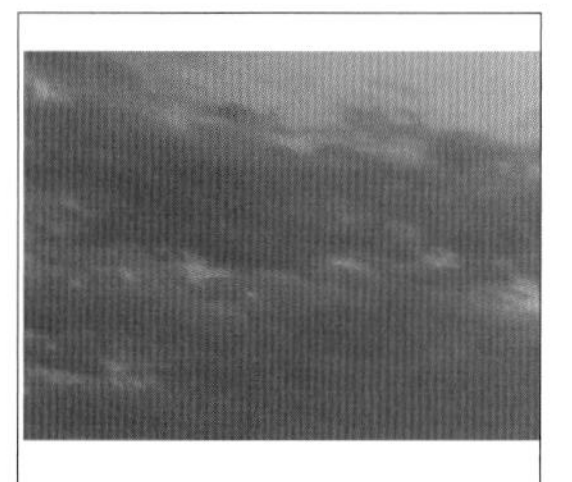

冷色

低色温中的暖色调

傍晚时分，天空中的色温较低，这时所拍摄出的画面整体色调偏暖，给人一种温暖舒适之感。

光圈：F22　快门速度：1/4s　感光度：ISO100
曝光模式：光圈优先

高色温中的冷色调

当天空中的色温逐渐升高，蓝光的成分逐渐增多，从而使得拍摄出的画面呈现淡淡的清冷色调。

光圈：F9　快门速度：1/80s　感光度：ISO100
曝光模式：光圈优先

练习拍摄不同时间段的光色

色温不同，所拍摄出的画面色彩也就各不相同。在前面的小节中我们讲过，色温越高，蓝光的成分也就越多，环境也就偏冷色调；而色温越低，红光的成分也就越多，环境也就偏暖色调。但事实真是如书中所说吗？我们不妨在接下来的实际拍摄中证实一下。

清晨，当太阳还未升起时，天空中的色温偏高，到处渲染着淡淡的清冷色调，这时我们所拍摄出来的画面有着清冷的视觉感。

当太阳露出地平线后，我们看到天空中的色彩逐渐出现转变，而此时天地间的色温由于太阳的缘故逐渐转低，画面呈现暖暖的色调。

正午时分，太阳高高地挂在天空，此时空气的透射性强，天空中的色温也逐渐升高，拍摄出的画面清晰透彻，有着淡淡的蓝色调，但由于太阳光线比较强烈，这种蓝色调比较浅。

傍晚时分，色温又开始逐渐降低，此时我们所拍摄的画面又开始呈现出暖暖的红黄色调。

入夜时分，天地间重新回归了寂静，此时色温又开始逐渐升高，拍摄的画面也回归于清冷的蓝色调。

光的强度

对光的强度我们一般理解为光线的明暗程度，它取决于光源和被照射物体的距离以及光源的照度。光的强度高，我们拍摄所需要的曝光时间就相对较短；光的强度低，则拍摄所需要的曝光时间就相对较长。

在我们日常的摄影中，光的强度与画面的曝光直接相关。我们知道，曝光与画面影调以及色彩的再现效果密切相关，丰富的影调和准确的色彩再现是以准确曝光为前提的，刻意的曝光过度与曝光不足也需要以准确曝光为基准来衡量，所以在实际拍摄中掌握光的强度是让画面准确曝光的基本功。也只有这样才能主动地控制拍摄对象的影调、色彩以及反差效果。

人们在拍摄时所感知的光的强度与光源照射到拍摄对象的距离以及光源的发光强度（也就是照度）密切相关。

比如在日常拍摄中，如果我们使用的是太阳光，光源恒定，而且我们与太阳的距离也总是不变。如果我们使用的是人工光源，则完全可以控制光的强度。如通过改变闪光灯的输出功率（或者指数）来减少光照强度，也可以通过改变光源到拍摄对象的距离来改变光照强度。

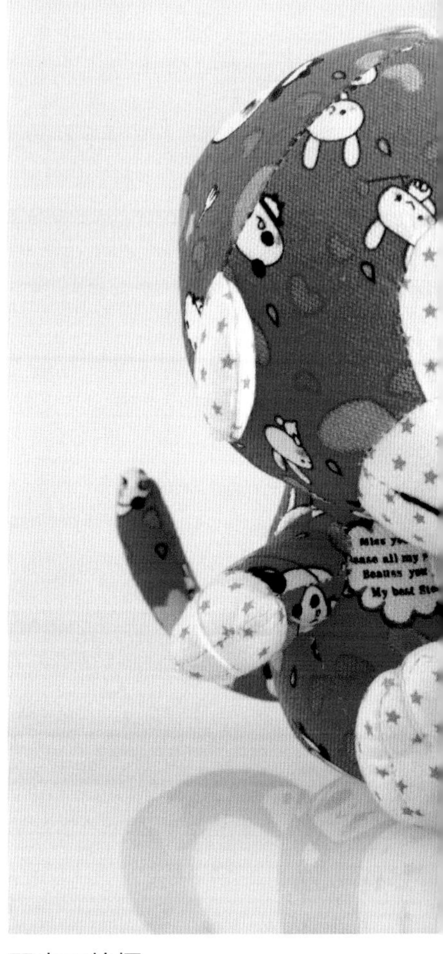

弱光下拍摄

在拍摄时，我们将主灯的光线调整至1/8挡，缩小主灯与各辅助灯光之间的差别，制造出柔和的弱光，使得画面整体效果柔和，色泽鲜艳。由于在拍摄时，画面中的光线较弱，所以在相机的光圈、快门速度以及感光度上要适当地进行调整。

光圈：F8　快门速度：1/100s
感光度：ISO200　曝光模式：手动

知识链接

什么是平方反比率

平方反比率是数学上的一个方程式，可以用来计算光源到物体距离的改变对光强度所产生的影响。当光源和物体的距离减半时，照度变成原来的4倍。相反，当光源到物体的距离增加1倍的时候，光照射到物体上的强度就降到了原来的1/4。在实际拍摄中，这个方程式非常有用，因为通过这个方程式我们可以计算出当物体和光源的距离改变后的准确曝光。

强光下拍摄

在强光下拍摄，画面中的物体轮廓分明，物体背后呈现出浓重的阴影。在拍摄时，我们所用的光线较强，所以需要适当地缩小光圈，提高快门速度，并且降低感光度。

光圈：F13　快门速度：1/160s
感光度：ISO100　曝光模式：手动

光的质感

光和其它物质一样，有着自己的质地。光质有软有硬，闪光灯直接照射到的物体会产生浓郁的黑影，边缘清晰分明，光质偏硬；采用柔光罩后的光线散射柔和，阴影淡而模糊，光质较软。

硬光的特点是光源来自一种方向，产生的阴影明晰而浓重；软光的特点是光源来自若干方向，产生的阴影柔和而不明晰。

光的软硬程度取决于若干因素：首先，光束狭窄的比光束宽广的通常要硬些，这也就是为什么相同功率的影室闪光灯前安置聚光罩与反光伞所发散出来的光线有所不同；其次，光的扩散影响光质，如午后的直射光线就比较硬，当厚厚的云层遮挡住太阳的光线，会发生多次折射，很大程度上软化直射太阳光的硬度，减弱对比度并减少阴影。

硬光展现树木的阴影效果

初升的太阳虽然没有正午时分的光线那么强烈，但依然可以为景物留下长长的阴影。在拍摄时，我们选用较低的角度，让树木更显高大，而长长的阴影更将我们的视线吸引到画面的焦点处，使得画面具有整体性。

光圈：F11　快门速度：1/60s
感光度：ISO100　曝光模式：光圈优先

硬光下的美女　光线较强，造成画面较大的光线反差，使得画面中的人物轮廓分明，有一种阳刚之美。
光圈：F2.5　快门速度：1/2500s　感光度：ISO100　曝光模式：光圈优先

柔光下的美女　柔和的散射光线使得人物愈发的柔美，肤质也更加白皙透亮，也使得整体画面有一种柔和的美感。
光圈：F2.8　快门速度：1/125s　感光度：ISO100　曝光模式：光圈优先

了解摄影中的光位

光位是指光源相对于拍摄对象的位置，即光线投射到的方向与镜头光轴方向之间形成的角度。同一对象在不同的光位下会产生不同的明暗造型效果。摄影中的光位可以千变万化，但是，归纳起来主要有正面光、前侧光、侧光、后侧光、逆光、顶光与脚光，这七种光位。

日落西山

太阳的东升西落是大自然中永恒不变的规律，这幅画面我们所拍摄的就是日落西山的场景。近处的水面由于反射太阳的光照，而形成一条漂亮的光路；远处的山麓也由于逆光的原因，而显得轮廓分明；天空的云朵也因为太阳的照耀而镶上了漂亮的金边。整个画面更由于暖色调的缘故，呈现出美丽的金黄色。

光圈：F16　快门速度：1/500s　感光度：ISO100　曝光模式：光圈优先

顺 光

顺光又称为正面光，光线来自拍摄对象的正面，随角度高低分别称为平射光顺光和高位顺光。顺光照射下拍摄对象受光比较均匀，令人感觉明亮，但立体感较差，缺乏明暗变化的影调层次，因而不利于物体表面凹凸质感的表现，但很适合表现平和的气氛以及物体光滑的质感。例如，在拍摄风光照片时，顺光拍摄能表现乡村安宁的气息；在拍摄小孩或女性时，顺光能突出人物皮肤细嫩光滑的质感；在拍摄花卉时，顺光可以展现那种亮丽的色彩。在实际运用中，利用顺光拍摄所需的曝光宽容度较大，让我们在相机的设置方面有更多的随意性。另外，顺光也常被用作辅助光源，尤其是在室内人像摄影中。

高位顺光

利用高位顺光拍摄建筑，可以很好地展现建筑物的外形轮廓以及画面的层次细节。画面中古老的亭台傲然屹立，而高位顺光的运用更使得整个画面有一种清晰、明朗的视觉效果。

光圈：F16
快门速度：1/60s
感光度：ISO50
曝光模式：光圈优先

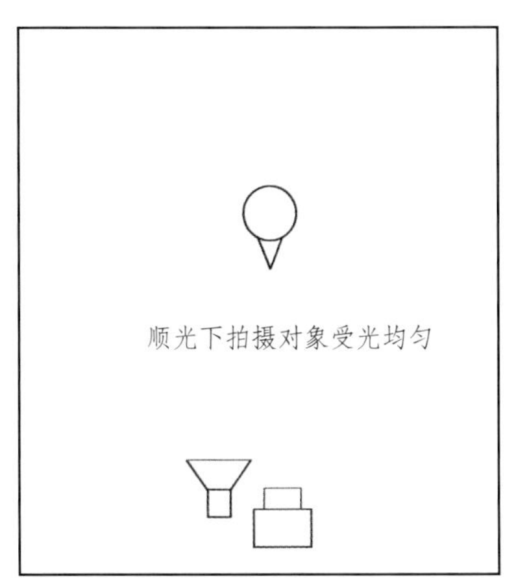

顺光光线示意图

平射顺光

平射顺光下的毛绒玩具外形清晰，正面的细节处更是一目了然，给人非常直观的视觉效果。

光圈：F11　快门速度：1/160s　感光度：ISO100　曝光模式：手动

前侧光

前侧光是指45度方位的正面侧光。这是拍摄者最常用的光位之一。它的造型效果好，能产生较好的光影效果和丰富的影调，从而突出空间深度。运用前侧光照射的景物富有生气和立体感，并且物体表面结构的质感都能显示出来。

侧 光

侧光是光源的投射方向与相机的光轴方向约成90度夹角照明。侧光下拍摄对象呈阴阳效果，光影结构鲜明，是一种人像摄影中富于戏剧性效果的主光位置。侧光能很好地表现出拍摄对象的形状、立体感、质感和空间透视感，能突出明、暗的强烈对比。侧光拍摄时，根据光源的高度和光源的性质不同，其造型效果也会截然不同。

侧逆光

侧逆光又称“后侧光”，光线来自拍摄对象的侧后方，能使拍摄对象的一侧产生轮廓线条，也就是我们俗称的轮廓光，轮廓光能使主体与背景分离，从而加强画面的立体感、空间感。侧逆光使得拍摄主体的背光面远小于受光面，因而可以形成很好的暗调效果。当使用侧逆光作为主光时，有时需要对被摄主体进行补光，以确保物体的背光面能够呈现出清晰的细节。

逆 光

逆光又称为“背光”，光线来自被摄体的正后方，逆光能使拍摄对象产生生动、完整的轮廓线条，从而使主体与背景分离开来，更使得画面富有立体感与空间感。在逆光照明下，拍摄时可对其背光灯阴影部分加以辅助光照明，使拍摄对象的暗部影调层次和质感得到完整的表现。需要注意的是，一定要选用深色背景，否则轮廓线就不醒目。逆光拍摄还能够形成剪影效果，这种效果只呈现拍摄对象的轮廓，而被摄主体的暗部细节被忽略，如果在拍摄时背景亮度较高，还可以形成强烈的明暗对比，从而增强画面的气氛。

前侧光光线示意图

前侧光展现立体感

利用前侧光拍摄美女人像，我们可以看到，画面中的人物整体富有立体效果，整个画面也因此更加生动，充满活力。

光圈：F2.8　快门速度：1/640s　感光度：ISO100　曝光模式：光圈优先

侧光光线示意图

古老的土林经过长年累月的风吹雨淋，自然雕琢成奇异的形状，在拍摄时，我们利用正侧光增强画面的明暗对比，从而加强土林的那种沧桑感。

光圈：F10　快门速度：1/60s　感光度：ISO100　曝光模式：光圈优先

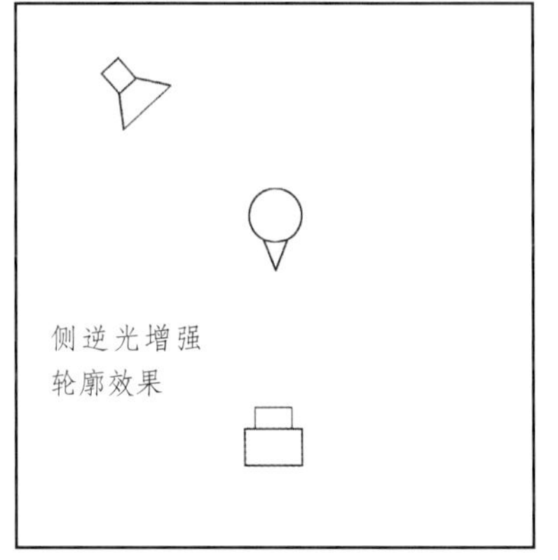

侧逆光光线示意图

侧逆光为沙漠上行走的驼队镶上了一条漂亮的金边，使得整个驼队轮廓鲜明，也更加突出。

光圈：F8　快门速度：1/60s　感光度：ISO100　曝光模式：光圈优先

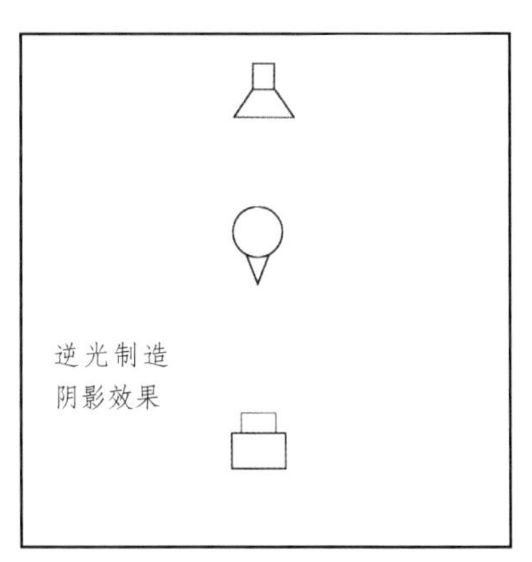

逆光光线示意图

逆光拍摄，可以很好地塑造出漂亮的光影效果，画面中苍老的树干在逆光下呈现着奇特的剪影效果。

光圈：F16　快门速度：1/80s　感光度：ISO100　曝光模式：光圈优先

光圈：F2.8　快门速度：1/800s　感光度：ISO100　曝光模式：光圈优先

顶光

顶光是指光线来自的正上方，与相机的拍摄方向大致成90度垂直夹角。如正午的阳光相对于拍摄对象来说就是顶光。顶光的照射均匀而平板，景物的上方因光照强烈而显得明亮，下方的背光面有浓重的阴影，非常不利于景物的展现，在实际运用中一般不用顶光做主光使用，除非拍摄特殊效果的画面。在拍摄人像时，顶光会使人物脸部产生不讨巧的浓重阴影，通常忌用顶光作为主光源来拍摄人像。

脚光

“脚光”一词最早来源于舞台灯光，它的光线来自拍摄对象的下方，光线方向由下而上，会使拍摄对象呈现出下亮上暗的效果，是常用于丑化人物的一种灯光方向，一般在电影、电视中较常见到。在自然光中没有脚光的光位，这种光位只运用于人工光源。由于单独使用脚光会产生怪诞、恐怖、阴险的特殊效果，所以一般情况下我们很少用这种光线作为主光来拍摄。但是在商业摄影或影楼婚纱摄影中我们常用这种光线作为辅助光源运用。

利用顶光修饰发泽

在可控的范围内使用顶光拍摄是一个不错的选择，如图中我们利用顶光来表现美女头发的质感，给画面增色不少，但需要注意人物的面部补光一定要到位，否则很容易弄巧成拙。

光圈：F1.8　快门速度：1/2000s　感光度：ISO100
曝光模式：光圈优先

脚光展现独特的光影效果

从画面中的光影效果我们可以看出，这张画面使用的是我们所说的脚光，画面整体呈现出一种下亮上暗的效果。这张画面以脚光做主光源，以天花板的反射光作为辅助光进行拍摄。

光圈：F11　快门速度：1/160s　感光度：ISO100
曝光模式：手动

使用顶光仰视拍摄需要注意以下三点

第一，在拍摄测光时要避免太阳的光线直接射入相机镜头内；第二，适当加以曝光补偿或加以辅助光来缩小明暗反差；第三、镜头前要用遮光罩阻挡散乱光线，以防止光晕的产生。

光的类型

在拍摄时我们会人为的将光线分为主光、辅光、修饰光、轮廓光、背景光、模拟光六种类型，不同类型的光在摄影中又有着不同的作用。

主 光

是指在摄影布光中占据主要地位的光源，常被称为“基调光”或“造型光”。主光在摄影中的作用主要是用于显示景物、表现质感、塑造形象、增加画面立体效果等，其位置的不同，会使得画面产生高光和阴影，从而形成景物的造型轮廓。

另外，主光还决定着景物的“调子”，在拍摄时，一旦主光确定，画面中的基础照明及拍摄影调就得以确定，且光线不同所呈现的画面影调效果也就各不相同，这也就是我们平时所常见到的高调与低调画面。

在摄影用光中，没有任何一种类型的光可以替代主光而存在。可以作为主光的光线很多，除了我们日常所见到的太阳光以外，还包括我们平时所见到的日光灯、影室灯、闪光灯、钨丝灯等人造光，这些光线都可以作为我们日常拍摄时的主光源来使用。

在拍摄风光摄影时，主光源主要来自太阳的光线，而在拍摄人物时，其主光源可以是自然光线，也可以是人造光线。

自然光作为主光源

这张图片是在室外自然光线下拍摄的，太阳光被运用为主光并从模特的正侧面射入，从而形成侧光，使得模特的面部立体感凸显出来，另外在模特的正面加以反光板反射光线,为人物正面的阴影部位补光,从而缩小人物面部的光比。

光圈：F1.6　快门速度：1/25s　感光度：ISO100　曝光模式：光圈优先

辅 光

辅光又称为“补光“或“辅助光”，在摄影中用以提高由主光产生的阴影部亮度，从而更好显现出阴影部的细节，减小影像反差，使阴影部的细节能获得恰当的曝光。辅助光通常位于或邻近相机轴心线。

利用辅光为人物补光

在拍摄时,由于太阳光是侧逆光,不能很好地表现人物面部细节,所以我们选用反光板来为人物补光,使得人物面部细节清晰而富有层次。

光圈：F16　快门速度：1/25s　感光度：ISO100
曝光模式：光圈优先

修饰光

修饰光指对拍摄对象的局部添加的强化塑形光线，如发光、眼神光、工艺首饰的耀斑光等，这种光线最主要的作用就是修饰画面，使得画面更加出彩。修饰光多用于人像摄影、商业摄影以及动植物摄影领域，在大型的风光摄影中，修饰光很少被运用到。

眼神光

在拍摄时,我们利用反光板为人物面部补光,同时也得到了很好的眼神光,让人物更加神采奕奕。

光圈：F2.8　快门速度：1/125s　感光度：ISO100
曝光模式：光圈优先

局部补光展现高光点

在拍摄时，我们为了展现酒杯的立体感，特意用一块长方形的反光板在右侧增加修饰光。

光圈：F2.8　快门速度：1/250s　感光度：ISO100
曝光模式：手动

轮廓光

轮廓光就是指勾勒拍摄对象轮廓的光线，这种光线类型一般情况下多用逆光或侧逆光来达到所需的效果。轮廓光可以使得拍摄主体与背景有效脱离开来，让主体更加突出，让画面也更具有空间感与纵深感，从而起到很好的修饰作用。轮廓光广泛应用于摄影的各个领域，它独到的光影效果，无疑为画面注入了独特的视觉感受，是一种非常讨巧的光线，并被广大的摄影人士所推崇。

在拍摄时，让模特侧对着太阳，从而形成很好的侧逆光来勾勒模特的侧面轮廓，使得人物主体更好地突显出来。

光圈：F4.5　快门速度：1/90s　感光度：ISO100　曝光模式：光圈优先

背景光

灯光位于拍摄对象后方，朝着背景照射的光线我们称之为背景光。背景光有着突出主体与美化画面的功效，在人像摄影与商业摄影中被运用得最为广泛。另外我们需要知道的是，背景光的运用不会影响到拍摄主体的曝光，所以我们在使用时，只需根据画面所需的不同效果来设置背景光的强度即可。

这是一幅室内人像，由于在画面中人物的头发、服装与背景都是黑色的，所以需要一个背景光来突出画面层次，将人物与背景隔离开来。

光圈：F9　快门速度：1/125s　感光度：ISO100　曝光模式：光圈优先

模拟光

模拟光又称为“效果光”，用以模拟某种现场光线效果而添加的辅助光线。如我们在拍摄情景人物照时，需要在画面中有透光窗户的光线，而实景中并无这种光线，这时我们就需要用灯光来模拟出这种光线，从而使得画面臻于完美。模拟光的运用可以调整画面的整体效果，让画面看起来更加真实 。

在拍摄时，我们需要一种从户外照射进来的光线，让画面看起来更自然，所以我们选用一束灯光来模拟这种光线，从而让画面更自然真切。

光圈：F11　快门速度：1/160s　感光度：ISO100　曝光模式：光圈优先

光圈：F2.8 快门速度：1/80s 感光度：ISO100 曝光模式：手动

关于光比

光比指拍摄对象主要部位的亮部与暗部的受光量对比差别，在布光拍摄时常指主光与辅光的差别。光比大，画面的反差就大，有利于表现“硬”的光影效果；光比小，反差就小，有利于表现“柔”的光影效果。因此光比的大小决定着画面的明暗反差，而画面明暗反差的不同又可形成不同的影调和色调结构。

利用柔和的光比拍风光

柔和的光比拍摄风光是很难出彩的，但在这幅画面中却表现得很好，白色的佛塔以蓝天白云作为衬托，以大地作为基垫，从而很好地展现出天地间的辽阔与博大。而佛塔本身柔和的影调过渡，又很好地展现出细腻的质感与层次感。

光圈：F22　快门速度：1/50s　感光度：ISO100　曝光模式：光圈优先

光比的掌握是摄影用光造型的一个重要手段，恰当的光比所产生的好的影调（色调）反差效果，有助于大大加强画面的艺术表现力。

在摄影实践中应该恰当地使用光比，如在室外直射阳光下拍摄人像，人物脸部的暗面虽然接受天空散射光的一定照射，但仍嫌暗，若加用反光板反光或闪光灯闪光辅助照明，就可使脸部光比适度改良。调节光比的手段主要有三种：调节主、辅光的强度；调节主、辅灯到拍摄对象的距离；用反光板、闪光灯对暗部进行补光。

无论是人像摄影还是静物摄影，光比是最重要的内容之一，光比的大小决定着影调的高低。一般情况下，低调照片常常使用较大的光比，而高调照片则需要使用较小的光比。

柔和的光比展显靓丽女孩

画面中的女孩清纯靓丽，甜美的笑容更是吸引人，所以我们选用适合表现其特性的柔和光比，来展现人物那种甜美与清纯。

光圈：F9　快门速度：1/125s　感光度：ISO100　曝光模式：手动

较硬的光比展现独特效果

当我们看到这双比较个性的鞋子时，当机立断选用了较硬的光比来拍摄。画面中我们很好地利用了舞台光让鞋子置于光圈之中，使其非常霸气地成为画面的视觉焦点。

光圈：F13　快门速度：1/100s　感光度：ISO200　曝光模式：手动

人像摄影中合理利用光比

拍摄人像时，为了弥补缺陷，增加美感，我们还可以根据拍摄对象的脸部特征来决定光比的大小。一般圆胖脸型的宜用大光比；瘦小脸型的宜用小光比。

亮度与曝光

如果说在摄影中存在一种普遍的光源，那就是日光。它是摄影中最常用的光源，也是在自然界中最明亮的光源。在利用太阳光拍摄时，相机的快门速度、光圈和感光度的参数设置都依此而定。

亮度影响着拍摄时的曝光，光源的亮度不同，所需要的曝光值也就各不相同。如在晴朗天气的正午时分日光下拍摄时所需的曝光参数为ISO100、f/16、1/250秒，而在傍晚时分的日光下拍摄所需的曝光参数可能为ISO100、f/11、1/125秒。由此可见，同一光源下，亮度不同所需要的曝光参数也不相同。

当然，上面所说的是指同一光源的亮度，即太阳照射在地面的亮度差别所带来的曝光参数上的差别，相比之下，大部分人造光源就达不到这样的光照亮度。非专业光源例如一般的台灯或街头照明由于强度不够，都会给拍摄带来困难。即使是专业摄影灯具也有可能产生问题。在近距离拍摄时，这个问题并不严重，如拍摄小型的静物广告。但是，如果在大场景拍摄时，为了达到相同的照度，就需要投入大量的灯具来达到这一照度效果。所以不同的光源所输出的亮度也各不相同，因而也会影响到拍摄时相机曝光参数的设定。

斜阳中的石狮

在下午4点左右，一抹淡淡的斜射光落在了昂首翘望的石狮身上，给人一种庄严肃穆的感觉。由于此时天色较亮，在曝光方面不需要做调整，只是按照相机所给出的测光数据来拍摄即可。

光圈：F16　快门速度：1/125s
感光度：ISO100　曝光模式：光圈优先

暮色时分

当太阳没入地平线后，留下天空中的一线余辉，此时我们再次对石狮拍摄，画面中的石狮给人一种静谧的感觉。由于此时光线不足，所用的曝光时间较长，需要使用三脚架来辅助拍摄。

光圈：F11　快门速度：6s

感光度：ISO100　曝光模式：光圈优先

测光与曝光

当你将相机对准景物构图后，马上面临的就是测光。当然，也只有准确的测光才能得到正确的曝光。不管是现代相机还是专业测光表，都是以拍摄对象的18%反光率作为标准制定测量基础的。但是在拍摄过程中，不同物质的颜色、质感、受光方向均有所不同，所以，如何准确测量被摄体的反光率数值，是非常重要的。

精确测光获得优质画面

在拍摄风景照时，由于囊括的范围较广，场景中的光线较为复杂，所以在拍摄时选择了五个点分别对天空、处于阴影中的景物以及处于阳光斜射下的景物进行测光，然后进行平均得出一组合适的曝光值，从而进行拍摄。

光圈：F10
快门速度：1/13s
感光度：ISO100
曝光模式：光圈优先

从摄影的角度来说，正确的曝光取决于许多不同的因素，其中有些是我们平时所熟知的，并且可以预先确定。但另外还有一些因素是未知的，这就需要我们进行精确测光。未知的因素包括光线的照度和物体的反射情况，所以测定正确曝光实际上就是测定这些未知的变数，并且把测出的信息汇总在一起进行处理，从而得出一组可以直接用于相机上的最佳拍摄速度和光圈值等数据信息，这一组合又被称为曝光值或EV值。

曝光不仅是影像的来源，更是决定影像质量的重要因素之一。英国摄影家约翰•威尔默特认为："一般来说，各种曝光都是一种折中的办法，但是对于影像最重要部分进行正确曝光，往往可以大大改进照片的质量。"所以对于光线较为复杂的环境，要着重对主体进行测光以保证主体部位曝光准确，让作品主题明确。

室内拍摄的正确曝光

在室内拍摄时，测光较为容易，但需要注意的是周围物体的明暗程度。画面中的小孩儿上身穿着白色的小外衣，而背景我们也恰恰选用了白色，这就使得曝光有一些难度。在测光时，我们对着人物面部进行最初级的测光，然后需要在测得的曝光数据的基础上增加两挡曝光量，使得整个场景显现出一种干净、纯洁的视觉感，这样也更适合表现儿童的天真、率直。

光圈：F13　快门速度：1/125s　感光度：ISO100　曝光模式：手动

光圈：F1.2　快门速度：1/8000s　感光度：ISO100　曝光模式：光圈优先

室外拍摄的准确曝光

这是一张室外拍摄的小景图，画面中漂亮的小黄花给人一种朝气蓬勃感。在拍摄时，选用了小景深来突出表现其中的个别小花，使其凸显出来，在测光方面，无须做过多的调整，只对着中间的小花进行了点测光拍摄。

深入剖析测光原理——18%的灰

要想准确地测光，除了熟悉我们手中的测光表以外，还要熟知测光元件的测光原理，只有真正了解这些，我们才能更好地测出拍摄时所需的曝光值。其实测光原理很简单，就是假设所测光区域的反光率均为18%来给出光圈、快门的组合参数。

18%这个数值的来源是根据自然景物中的中间调（灰色调）的反光表现而定。物体反射的光线越多，其本身就越亮，反之则越暗。所以，如果物体完全是黑色的，那么它就具有0%的反射率。而如果物体完全是白色的，其反射率也就是100%了。而处于白色与黑色之间的中间调就是反射率为50%，也就是我们所说的18%的灰。不过，这仅仅是一个理论值。

那么接下来我们就来了解一下测光表为什么要定义18%反射率为测光依据呢？以反射式测光表为例，测光表测得的物体亮度由两个方面的因素决定：光源照度和物体的反射率。在拍摄时，如果光源照度和物体的反射率都是变量的话，那测光值就没有了实际意义。可以设想，黑卡纸在强光灯照射下测到的亮度,远比白纸在弱光下的亮度要高，那岂不是要得出黑卡纸比白卡纸亮的结论吗？所以测光表必须要将上面两个变量中的一个规定为常量(不变量)，这样才能有“测光”的意义，所以物体的反射率必须加以规定，18%的灰也因此而被定义。

我们在拍摄时使用的灰板（也称为灰卡）就是根据18%灰度值制作的，在实际运用中我们既可以用于测光，也可以利用其进行补光。18%的灰卡是反射式测光表的测光依据。市场上一般供应的灰卡是柯达公司的产品，所以也称其为“柯达灰”。

灰卡

标准灰卡是一张（8X10英寸）的卡片，将这张灰卡放置于主景同一测光处，则所得之测光区域的整体反光率就是18%，之后按相机测光所给出的光圈快门组合去拍摄，得到的照片就会是准确曝光。

知识链接

灰板使用注意事项：

● 保证照射到灰板上的光线与照射到拍摄对象上的光线基本相同。

○ 如果有投影在灰板的一个角上，而此时拍摄对象暴露于阳光下，就要确保测量的不是此阴影。

● 采用照相机中的内置式测光表来读取灰板，效果与测光表是一样的。

○ 具有自动曝光功能的照相机，也同样可以使用灰板。一是近距离读取灰板数据，并按下曝光锁；二是将这一曝光量锁定在适当位置的同时，把照相机对准想要拍摄的场景并拍摄下画面。如果照亮场景的光线与从灰板上读取的光线相同，那么曝光就是正确的。

● 用相机内测光对18%灰板测得的值，在实际摄影中必须根据摄影者的拍摄意图进行调整。如拍雪景时，测出曝光值后，可适当增加曝光，则会使雪变得更白。

利用灰卡测光

在拍摄前，拍摄者对着灰卡进行测光。

光圈：F4
快门速度：1/125s
感光度：ISO100
曝光模式：光圈优先

利用灰卡拍摄雪景

在拍摄时，利用灰卡拍摄雪景可以有效地避免因雪地反光率过高而造成相机内置测光表的读数不准确，从而使得画面出现曝光不足的现象。画面中的白雪曝光合适，给人以强烈的视觉感。

光圈：F8　快门速度：1/80s　感光度：ISO100　曝光模式：手动

测光表的分类

测光表是测量拍摄对象表面亮度或发光体发光强度的一种仪器，在摄影中用于准确测定拍摄对象所需曝光量的仪器，分为手持测光表和与相机结合在一起的机内测光表两类。

手持测光表

手持测光表自成一体，在对拍摄的景物进行测光时需要手持进行测量。手持测光表根据其测量光源的不同分为普通测光表（测量自然光和白炽灯等持续发光光源的亮度）和闪光测光表（测量闪光灯等瞬间发光光源的亮度）。

此外，普通的手持测光表还可以根据测光方式的不同分为入射式测光表和反射式测光表。其最主要的区别就是入射式测光表是用于测量投射光的照度，而反射式测光表是用于测量拍摄对象反射光的亮度。现在设计的测光表兼有测量反射光和入射光两种功能。其测光部位有一乳白罩，不加乳白罩时测反射光亮度，加乳白罩后测入射光照度。

闪光测光表也可以细分为两种类型，一种是有一导线与闪光灯连接，按动按钮后可触发闪光灯的同时来测定闪光的亮度，并且将曝光组合值定格在液晶屏上。另外一种是没有导线与闪灯连接，使用时先打开测光表，然后手动触发闪光，便可测定闪光灯亮度及曝光值。

但现在的新式手持式测光表大多将测持续光源与测闪光光源亮度的功能合二为一，同一只测光表，既能测持续光源亮度，又能测闪光光源亮度。

Flash Meter VI 闪光测光表

KONICAMINOLTA原厂Flash Meter VI闪光测光表是入射测量和反射测量为一体的入反射一体测量仪，可以将入射光测量值和反射光测量值同时在屏幕上显示。

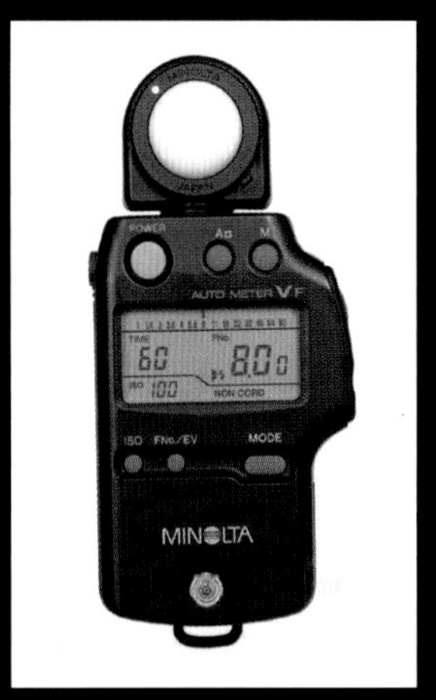

Autometer VF自动测光表

KONICAMINOLTA原厂Autometer VF自动测光表可对环境光线和闪光光线推进测量，配备有能够显示环境光线和闪光光线成分比分析功能和反射光测定时的三种演算功能。

利用手持测光表靠近拍摄对象测光

画面中摄影师在利用测光表为模特脸部进行测光。

光圈：F2.8　快门速度：1/3200s　感光度：ISO800　曝光模式：光圈优先

正确测光的画面效果

获得正确的曝光数据组合后，我们对人物开始进行拍摄，在正确测光与曝光的前提下，拍摄出来的画面人物肤质白皙细腻，整体的画面效果也得到了很好的展示。

光圈：F1.8　快门速度：1/1250s　感光度：ISO100
曝光模式：光圈优先

远离拍摄对象时测光示意图

当我们拍摄的物体距我们太远或由于某种原因而不能接近拍摄对象时，就需要我们远距离对被摄体进行测光，这时所测得的光线是物体的反射光。

光圈：F2.8　快门速度：1/1250s　感光度：ISO100
曝光模式：光圈优先

TTL测光表

TTL测光表也称CMOS机内测光表，就是将测光表设计在相机内部的一种形式。“TTL测光”技术起源于1964年，当时人们外出拍摄时都需要携带一块测光表，先测光之后再设定相机的光圈值以及快门速度，随后进行拍摄，整个过程比较繁琐。而“TTL测光”正好解决了这个问题。在拍摄时，摄影师半按快门，相机启动TTL测光功能，入射光线通过相机的镜头以及反光板折射，进入机身内置的测光感应器。测光感应器和CCD或CMO S的工作原理类似，将光信号转换为电子信号，再传递给相机的处理器运算，得到一个合适的光圈值和快门速度。当完全按下快门时，相机按照处理器给出的光圈值和快门速度自动拍摄。

“TTL测光”最大的优势就是，其所得到的通光量就是标准底片的曝光参数。如果相机前面加装了滤镜，“TTL测光”得出的测光数值和不加滤镜时是不同的，拍摄者此时不需要根据相机加装的滤镜进行重新调节，直接按下快门拍摄即可。

由于测光表设置在相机内，就免去了单独携带测光表的麻烦，而且还可以在取景的同时进行测光，从而大大提高了测光效率。

知识链接

TTL测光与曝光

使用TTL测光系统拍摄时，要随时留意取景器中的曝光标尺，这更是让你成为曝光高手的良好习惯。通常在使用光圈优先、快门优先和程序自动曝光这类自动曝光模式时，曝光标尺的指示标处于中间部位，也就是表示此时光线环境下的曝光基准。大多数不复杂的光线环境下，基准曝光值可以为你提供合适的曝光，但白动曝光值基本上是拍摄环境的曝光平均值。如果环境光比过大，即暗部和亮部的EV值超出了曝光标尺的基准点。这时一定要及时进行曝光补偿。在手动曝光模式下，曝光标尺会为你显示使用的曝光组合与基准曝光的差值数，即显示EV-1时，说明比基准曝光少一挡曝光。

利用TTL测光拍人像

利用相机的内置测光表对人物进行测光拍摄要比测光表更便利一些，毕竟相机内置测光表与相机是一体的，而且相机的内置测光表可以随时提醒我们曝光量的变化。

光圈：F2.8　快门速度：1/640s　感光度：ISO100　曝光模式：光圈优先

逆光下的四川——党岭葫芦海

逆光下测光无疑是对相机内置测光表的一种挑战，这时我们不妨换一个测光点，而不是对着太阳，如远处的山脉，太阳周围的天空，都是不错的选择。

光圈：F22　快门速度：1/80s　感光度：ISO100　曝光模式：光圈优先

TTL测光的含义

在许多相机的规格表中我们都能看到一个常见的名词“TTL测光”，这个“TTL测光”究竟是什么含义呢？“TTL测光”的英文全称是Through The Lens，意思是通过镜头，表示这是一种通过相机镜头测量光线的方法，简称为“TTL测光”。

选择不同的测光模式

大多数数码相机内置的测光表工作方式都是根据使用者通常的构图习惯而设计的。目前相机所采取的测光模式主要根据测光元件对摄影范围内所测量的区域范围不同而区分开来，主要包括点测光、局部测光、中央重点测光、评价测光等。

点测光

对于测光本身来说，点测光是一种比较极端的测光方式，测光的范围以观景窗中央的一极小范围区域作为曝光基准点，大多数点测光相机的测光区域为百分之一至百分之三，相机根据这个较窄区域测得的光线，作为曝光依据。

由于在拍摄时，相机只按照测光点局部的亮度曝光，因此比较适合于那些光线复杂或光比强烈需要突出主体的场合，例如微距摄影、拍摄逆光中的人物、人物特写等。

点测光是一种相当精确的测光模式，但对于新手来说，却不是那么好掌握，所以怎样去选择一个测光点，变成了一个需要我们去学习的技巧。要知道错误的测光点所拍摄出来的画面不是过曝就是欠曝，从而造成严重的曝光误差。

接下来我们说一下怎样去区别一个测光点，点测光只对很小的区域进行准确测光，区域外景物的明暗对测光没有影响，要掌握这种测光方式需要摄影者懂得选定反射率接近18%左右的测光点，或能对高于或低于18%反射率的测光点凭经验作出曝光补偿（即白加黑减原则），这一知识点将在后面的章节中为大家详细讲述。

拍摄时使用点测光对蚂蚁的头部进行测光。

利用点测光拍微距

蚂蚁本身体积小，需要极为准确的测光与曝光，所以我们很自然地想到采用点测光来完成这一任务。用点测光对蚂蚁的头部进行测光，由于蚂蚁的头部是黑色的，所以在测得曝光量的基础上降低半挡曝光量。

光圈：F1.8　快门速度：1/1000s　感光度：ISO100　曝光模式：手动

光圈：F5.6　快门速度：1/1200s　感光度：ISO100　曝光模式：手动

局部测光

局部测光其实就是对点测光模式的一种扩展。这种测光的运作主要是相机的测光元件对画面中心约占12%的范围进行测光，并综合平均后而得出一组曝光数据。局部测光模式适合一些光线比较复杂的拍摄场景，如光比反差比较强烈的人物、风光、建筑等，在这些场景中，如果需要得到更准确的曝光，不妨考虑使用这种测光模式来得到拍摄主体准确曝光的照片。局部测光对于微距摄影也有一定的效果，但远不及点测光效果精准。

另外，局部测光模式最初是为满足要求比较高的专业摄影人士的需求而设计的，是为摄影师作出自己的独特思考而准备的，它可以针对一些特殊的恶劣的拍摄环境，能够更加确保相机处理器计算出画面中央主要表现对象所需要的曝光量。

拍摄低调人像

由于是低调人像，所以画面中的人物整体受光面较小，而最重要的面部区域更需要我们精确地进行测光与曝光，因此利用局部测光可以很好地测得人物面部小区域内精准的曝光量，从而拍摄出理想的画面效果。

光圈：F16　快门速度：1/160s
感光度：ISO100　曝光模式：手动

中央重点测光

中央重点测光是一种传统测光方式，大多数相机的测光算法是重视画面中央约2/3的位置，对周围也予以某些程度的考虑。中央重点测光是采用最多的一种测光模式，测光重点放在画面中央，约占画面的60%，同时兼顾画面边缘。当然这也不是特定的画面比例，例如尼康相机采用的中央重点测光，相机的中央部分测光占据整个测光比例的75%，其他非中央部分逐渐延伸至边缘的测光数据占据了25%的比例。

在相机的取景框中，我们可以看到两个半弧形括起来的区域为相机的测光重点，而其他区域为辅助测光区域。这时，我们只要将拍摄主体囊括进画面的重点区域即可，无需做过多的考虑。

在拍摄人物时，使用中央重点测光模式，在对人物面部进行测光的同时又可以兼顾到周围的环境。

利用中央重点测光拍摄全景人像

画面中拍摄的是全景人像，在拍摄时，由于要兼顾周围的环境，所以选择了中央重点测光，这样在保证人物正确曝光的基础上也让周围的环境得到了合适的曝光。

光圈：F8　快门速度：1/125s　感光度：ISO100　曝光模式：手动

知识链接

中央重点测光的适用范围

中央重点测光模式一般用于个人旅游留影或者一些被摄主体集中在画面中间区域的风景照片。在这些环境中使用中央重点测光模式，不仅可以使画面中心获得充分曝光，而且还可以使画面边缘也获得不错的曝光效果，尤其是在光线不佳的情况下，如阴天、雨天、傍晚太阳落山后等。在这些情况下拍摄旅游留念照片相比用其他的测光模式，中央重点测光会获得更好的拍摄效果。

表现菜品的一角

在拍摄菜品时，我们选择了其中的一角来进行表现，但仍然需要顾及纳入到画面中的其他区域的曝光与色泽问题，所以我们利用中央重点测光来达到这一要求。

光圈：F3.5　快门速度：1/250s　感光度：ISO100　曝光模式：光圈优先

漂亮的黑邵武土林

被光线照射的金黄色土林与蓝色的天空共存于画面中，我们可以利用中央重点测光将这两种色彩在如此强烈的光线下表现出来。

光圈：F16　快门速度：1/250s　感光度：ISO100　曝光模式：光圈优先

评价测光

评价测光是指兼顾到整个画面，以整个画面作为评价光线的区域来进行测光，它综合考虑着整个取景范围内的光照情况，并最终得出一个适中的曝光量。

也有部分相机将其称为“矩阵测光”或“多区域测光”。这些都是在画面中纵横等分64或128个区域，并按平均为18%的灰度为是正确的曝光，从而给出的光圈和快门速度的结果。利用这种测光模式，即使对测光不熟悉的人，一般也能够得到曝光比较准确的片子。经过使用者多年的验证，这种模式适合用于拍摄风景、团体照片、家庭合影等，实际上也是众多业余，甚至是专业摄影师平时使用得最多的一种模式，特别是在拍摄顺光、前侧光，或者大面积亮度均匀的场景时最为有效。其缺点是无法满足一些特殊场景的拍摄需求，比如拍摄剪影、逆光等。

利用评价测光拍摄局部特征

这幅画面拍摄的是宏村的一个局部，白墙青瓦的建筑在整体视觉上处于同等重要的位置，所以在曝光量上需要我们不偏不倚，评价测光成为了拍摄时的首选。

光圈：F14
快门速度：1/40s
感光度：ISO500
曝光模式：光圈优先

在拍摄局部细节时，为了保持画面的一致性我们选用了平均测光。

秋日的色彩

秋日的色彩是金黄色，所以在拍摄时总免不了让黄色的树叶占满画面。此图中由于是一片树林的局部写实，没有单纯地要突出某个景物，所以整体性非常重要，这就需要在曝光方面考虑其整体性的曝光量，这时应选择平均测光。

光圈：F11　快门速度：1/6s　感光度：ISO100
曝光模式：光圈优先

尼泊尔昌古纳杨寺中的神龛

这是一张很普通的纪实性质的画面。由于是在阴影中，所以光线以散射的天光较多，没有直射光的参与，在拍摄时不用担心光比的问题，只需要画面整体曝光量准确即可，所以平均测光成为拍摄时的最佳选择。

光圈：F16　快门速度：1/2s　感光度：ISO50
曝光模式：光圈优先

利用不同的测光模式拍摄画面

现在的数码单反相机都具备机内测光系统，虽然我们在前面已经为大家详细讲解了不同测光模式的原理与运用，但还需要我们实际演练操作，只有理论结合实际，才能真正地掌握测光的技术与技法。

一般户外顺光的情况下，机内的各种测光模式都可以得到比较准确的曝光数值。但在光线反差比较大的逆光和侧逆光线下，就需要拍摄者特别注意了。要知道任何测光表所推荐的曝光值都是建立在场景中光线经过平均后得到的，是假设在18%的灰色影调基础上的，而18%的反射率在画面中呈现的是淡淡的中灰色调。如果拍摄对象很亮或很暗，也会被反映成灰色调，从而使得拍摄出的照片看上去很灰，影调也提不起反差。所以在使用中央重点测光、平均测光、多区域测光时，应该适当增加或减少相机的曝光量，从而使得画面得到真实的还原。

点测光：在拍摄时，以挡住太阳的浮云边缘为测光点进行测光。

中央重点测光：以人物的脸部为测光点进行测光拍摄。

评价测光：由于是阴天，光线比较平淡，无须做过多的考虑，直接使用平均测光就可以拍摄出很好的画面。

局部测光：对黄色的花朵着重测光，这样拍摄出来的画面主题鲜明。

曝光很简单

曝光取决于我们可以掌握、控制和使用的光线，完美的曝光需要出色的光效来衬托，而出色的光线又需要正确的曝光来展现。在大多数情况下，相机的自动曝光系统还是比较令人满意的，但如果你想每次都获得最理想的曝光，关键还在于你预先设想画面的效果。

在实际拍摄中，曝光取决于相机的设置和测光表的读数，但是正确的曝光关键还是要懂得其中的标准。首先，我们需要知道什么样的图片是一张可以接受的图片，当然从根本上讲它视个人的判断而定。不同的人会有不同的标准，如同一张图片，也许有的人就会觉得太暗，但有的人就会认为它太亮，所以我们无需去做太细致的探究。也就是因为这个原因，关于曝光并没有特别准确的定义。

在正常情况下，最佳曝光总是允许记录最多的信息，目的是制造图片与我们所看到的原始场景相似。在一个典型的景象中，这就意味着所有的色调从阴影到高光都被展现出来。高光在画面中是最亮的部分，但是仍需要展现细微的特征，阴影在画面中是最暗的部分，但也不会因为太黑而隐藏了所有的细节，整个画面看起来均衡，这就是理论上曝光完美的照片。

曝光对影像质量的影响

曝光的准确与否会影响画面的清晰度和色彩还原，曝光过度或不足都会使得影像的清晰度下降。曝光过度，会导致画面的高光部分丢失层次，影像失常；而曝光不足则可能会导致构成画面影像的密度达不到要求而无法清晰地再现影像。而曝光过度，色彩会过于浓重，曝光不足时色彩会变得暗淡。

△ 曝光过度　△ 曝光正常　△ 曝光不足

尼泊尔博达哈大佛塔

博达哈大佛塔是世界上最大的圆佛塔，位于加德满都城东，坐落在中国与尼泊尔通商的要道上，是尼泊尔藏传佛教的重要圣地。画面中气势宏大的白色半球形佛塔给人一种仰视的视觉感，而合适的曝光更将这座佛塔细致地呈现出来。

光圈：F8　快门速度：1/320s
感光度：ISO50　曝光模式：光圈优先

尼泊尔博达哈大佛塔局部图

在拍摄局部图时，依然选用了平均测光，而合理的曝光更使得画面的色彩得到了完美的展现。

光圈：F8　快门速度：1/125s
感光度：ISO50　曝光模式：光圈优先

正确曝光你也会

摄影是指透过镜头的光（影像）投射到感光元件的过程。按照中国汉字字义的解释，摄——捕捉也，影——形象也，所以摄影就是通过镜头捕捉形象，照片就是捕捉形象后的结果。为了有一个好的结果，使影像的色彩鲜明、层次丰富、质感细腻，就必须准确地控制透过镜头的光量。光量的控制是通过快门速度、光圈大小以及感光元件的感光度来决定的。这个光量（也称通光量）就是正确曝光量。

何为正确曝光

在我们拍摄照片时如果将拍摄对象拍得过亮，那么画面较亮的部分就会因为过亮而失去细节的表现，我们就说这样的照片过曝或曝光过度；同理，当我们把拍得过暗时，画面暗处的细节也会有所缺失，这样的照片我们称之为欠曝或曝光不足。其实正确曝光是相对而言的，在相同光照情况下，拍摄对象的浅色部分和深色部分反光度是不同的，所针对浅色和深色部分的曝光量也是不一致的。也就是说，在同一拍摄取景范围内，只要物体有明暗以及色彩深浅的差别，那必然会有部分区域曝光不足或曝光过度。既然是这样那我们当然首先要让拍摄对象的主体部分或主要部位曝光正确。一张照片中当主体部分或主要部位曝光准确时，我们就可以说这张照片是曝光正确的照片。

知识链接

影响曝光的因素

正确曝光是保证照片获得成功的关键，在实际拍摄中，尽管有测光表相助，但对摄影初学者来说，仍然会经常遇到曝光不正确的问题。这是因为摄影的情况是很复杂的，影响正常曝光的因素有很多，稍不注意就会出错。这里我们列举几个影响正常曝光的因素：

● 没有注意环境对摄影的影响。在同样的天气条件下，拍摄环境不同，对曝光量的需求也会有所变化。譬如在白雪皑皑的原野，由于大面积的白色反光较强，所以需要增加一挡左右的曝光；

○ 由光照处移向阴影处没有及时调整相机的曝光参数。尤其在强光下，曝光参数与在阴影中的曝光参数差别很大，所以由亮处移向暗处会导致拍摄的画面曝光不足；

● 背景过亮造成的结果。在室外若以大片天空为背景拍人像照，应采用辅助光来提高人物的亮度，使人与天空之间的明暗差距缩小。若不这样做，而以明亮的背景作为曝光依据，那人物就会产生曝光不足的现象；

正确曝光展现漂亮的风景

在正确曝光的风景画面中，我们看到蔚蓝的天空、白色的浮云、黄绿色的树木、充沛的阳光、艳丽的色泽，整体画面给人一种耀眼的视角感。

光圈：F11　快门速度：1/40s　感光度：ISO100
曝光模式：光圈优先

人物肖像

正确的曝光将人物很好地表现了出来，包括人物皮肤的光泽、毛发的色泽以及衣服面料的质感。

光圈：F5　快门速度：1/640s　感光度：ISO100
曝光模式：光圈优先

影响曝光的因素

在摄影中首要工作就是控制曝光。影响曝光的因素有很多，包括景物的亮度、ISO感光度、光圈值和快门速度等。

光 圈

照相机中的光圈是由一些金属片组成的进光孔，它的大小可以自由地调节，从而获得不同的进光量。这种原理类似于水龙头对水的控制，开关开得大，水流量也就大；开关开得小，水流量也就小。由此可见，光圈的大小直接影响着曝光量，在快门速度和感光度一定的情况下，光圈越大从镜头进入的光就越多，曝光量也就越大；反之光圈越小从镜头进入的光也就越少，曝光量也就越小。

为了使用的便利，通常我们使用光圈系数来表示光圈的大小：F1.4、F2、F2.8、F4、F5.6、F8、F11、F16、F22、F32等，这些相邻两数之间前边的进光量是后边的2倍。光圈系数的数值越小，表示光圈越大，数值越大表示光圈越小。现在数码相机的光圈值在这些数值中间还有更细的划分，可以使得拍摄时的曝光更加准确。

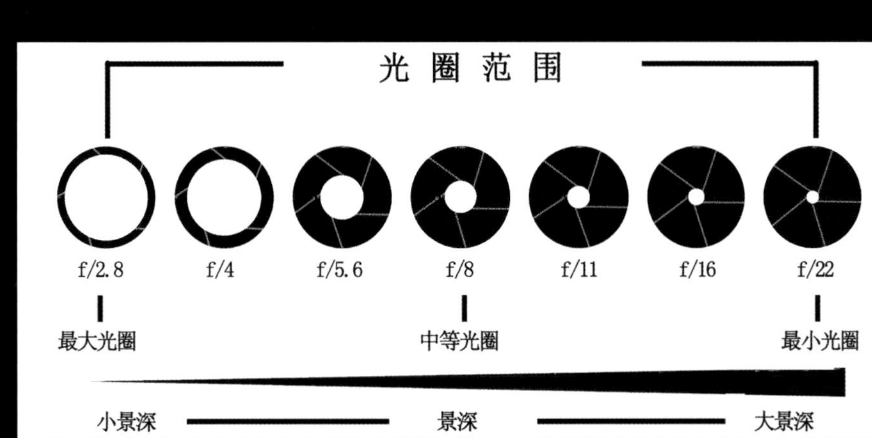

使用较大的光圈拍摄

在画面中我们看到，使用较大的光圈拍摄的画面曝光正常，叶子的色泽得到了非常好的还原效果。

光圈：F3.5　快门速度：1/100s　感光度：ISO200
曝光模式：手动

使用较小的光圈拍摄

但当我们调整光圈后，其他拍摄数据不变的情况下再次拍摄，我们会发现拍摄出来的画面曝光不足，只能看到花盆和叶子的轮廓。

光圈：F16　快门速度：1/100s　感光度：ISO200
曝光模式：手动

光圈：F2.8　快门速度：1/160s　感光度：ISO100　曝光模式：光圈优先

快门

如果说光圈控制的是进入相机的光量，那么快门所控制的就是光作用于感光元件的时间。

快门是相机内部的一种机械装置，其帘幕的叶片有尼龙、树脂和金属合金等几种材质。平时快门是一直关闭着的，在曝光时，快门才会瞬间打开。因此，我们所说的曝光时间，其实指的是就“快门速度”。

快门速度通常是以秒为单位，常用的快门速度有1s、1/2s、1/4s、1/8s、1/15s、1/30s、1/60s、1/125s、1/250s等，不同的快门速度控制着不同的曝光量。快门速度对光线的控制和光圈一样，快门每相邻一挡，它们的进光量也相差一倍或一半，也就是说在光圈和感光度不变的情况下，1/60s比1/125s的进光量大一倍，从而曝光量也大一倍。

另外，在相机的速度控制菜单里还有一挡B门标记，它可以根据拍摄的要求对景物进行长时间曝光，前提是这挡B门标记只有相机在手动模式下才可以使用。在B门模式下，按下快门不松手时，快门是一直开启的，直到松手才会关闭。

还有一些照相机上还设有T门装置，T门和B门类似，其区别只是按下T门后曝光开始，再按一次T门后曝光结束，这也是为了长时间曝光所设计的。

使用较高的快门速度拍摄

在拍摄时，我们使用了较高的快门速度，在画面中可以看到水流溅起的水珠，显得很欢快。但不足的是由于快门速度过高导致画面的整体曝光量有些不足，所以我们可以适当在拍摄时将光圈开大或将快门速度降低。

光圈：F22　快门速度：1/250s　感光度：ISO50
曝光模式：光圈优先

使用较低的快门速度拍摄

再次拍摄时，刻意将快门速度调低，一方面为了保证画面的曝光量，另一方面使用较低的快门速度拍摄画面可以使得水流产生一种向前的动感。画面中我们使用了1/4s的快门速度让水流有足够的时间重叠，从而看起来水流显得很湍急。

光圈：F22　快门速度：1/4s　感光度：ISO50
曝光模式：光圈优先

光圈：F2.8　快门速度：1/800s　感光度：ISO100
曝光模式：光圈优先

阳光下拍摄宜用高速快门

在热烈的阳光下拍摄人像近景时，由于我们一般会将光圈开大以虚化人物背后的景物，从而衬托人物主体，所以为了不使得画面曝光过度，我们都会把快门速度调高来拍摄。

光圈：F8　快门速度：1/1000s　感光度：ISO400
曝光模式：光圈优先

航拍时宜使用高速快门

在空中进行航拍，由于飞机是运动的，所以在拍摄时需要足够高的快门速度来抵消飞机运动所带来的画面模糊。如图中我们选用1/1000秒的快门速度来使得空中的浮云清晰地呈现。

光圈：F32　快门速度：35s　感光度：ISO100　曝光模式：手动

拍摄车流

在夜晚捕捉移动的车流，表现车灯所带来的线条光需要我们有足够慢的快门速度，这时B门成为我们拍摄时的最佳选择。但需要注意的是在用B门拍摄时，拍摄模式需要换到手动模式。

ISO感光度

感光度也是控制曝光的一种方式，用ISO来表示感光度值。关于ISO感光度的定义很早就有了，原本指的是胶片的银盐密度单位。数码相机出现后，人们就将这种计量单位直接移植了过来，成为数码相机的感光芯片感光能力的标定单位。与传统相机不同的是，数码相机的ISO感光度是可以调节的，通常ISO感光度的表示方法是：ISO1OO、IS0200、IS0400、IS0800、IS01600等。感光度越高，感光组件对光线越敏感，画面的亮度就越高，而画面质量也相应降低。感光度对曝光量的影响与光圈快门相似，每提升一挡ISO感光度，就相当于曝光量增加了一倍。因此，在拍摄中，要根据实际的光线情况选择最佳的感光度。

利用高感光度得到清晰画面

利用高感光度可以在较暗的环境中拍摄出清晰的画面，如右图中，女孩儿站在窗帘前，但由于室内的光线不能够提供充足的曝光量，光圈已经开到最大，而过低的快门速度又容易使得画面在拍摄时发生抖动而变得模糊，所以我们可以适当提高感光度来弥补这一不足。

光圈：F1.4　快门速度：1/100s　感光度：ISO800
曝光模式：手动

感光度的分类

调节感光度如同调节光圈或者快门速度一样，与曝光有很大关系，一般随着感光度的变化进行如下分类：ISO25-50属于低感光度；ISO100-200属于中感光度(标准感光度)；ISO400-800属于高感光度；ISO 1600以上(3200/6400等)属于超高感光度。但需要注意的是感光度越高，其噪点越严重，虽然图像质量会降低，但优点是在较暗的环境下可以拍摄到较清晰的画面。

低感光度

模特离光源较近，在拍摄时有较充足的光量，画面质感得到很好的表现。

光圈：F1.4　快门速度：1/80s
感光度：ISO50　曝光模式：光圈优先

中感光度

在拍摄时，光源离模特较远，需要适当提高感光度来弥补光量的不足。

光圈：F1.4　快门速度：1/125s
感光度：ISO400　曝光模式：光圈优先

高感光度

模特距光源较远，需要大幅度提高感光度，因此噪点也随之产生。

光圈：F1.4　快门速度：1/100s
感光度：ISO800　曝光模式：光圈优先

弱光下宜用高感光度

在室内拍摄时，由于多为环境光或人工光源，光照度都较弱，在正确曝光的前提下为了不使得画面模糊，我们可以选择开大光圈或提高感光度。画面中由于已经将光圈开到最大，但仍然曝光不足，此时我们将感光度上调至ISO800，从而达到很好的曝光效果。

光圈：F2.8　快门速度：1/30s　感光度：ISO800　曝光模式：光圈优先

利用高感光度拍摄夜景

在夜晚拍摄时，如果我们忘记带三脚架，那么提高感光度同样可以拍摄出漂亮的画面效果。

光圈：F2.8　快门速度：1/4s　感光度：ISO400　曝光模式：光圈优先

不同曝光模式的选择

如今相机的测光系统非常强大，一般来说在使用P挡、A挡和S挡拍摄时不会出现特别明显的过曝或者欠曝，什么情况下应该选择什么模式，是摄影者经验的积累。很多人只热衷于M挡手动模式，认为这样拍出的东西才够专业、叫作品。这种执著令人佩服，但既然机器提供了不同的曝光模式，我们为什么不试试呢？在某些情况下也许会给你提供意想不到的帮助。今天我们就详细为大家讲述一下不同的曝光模式，从而使大家能更好地驾驭我们手中的相机。

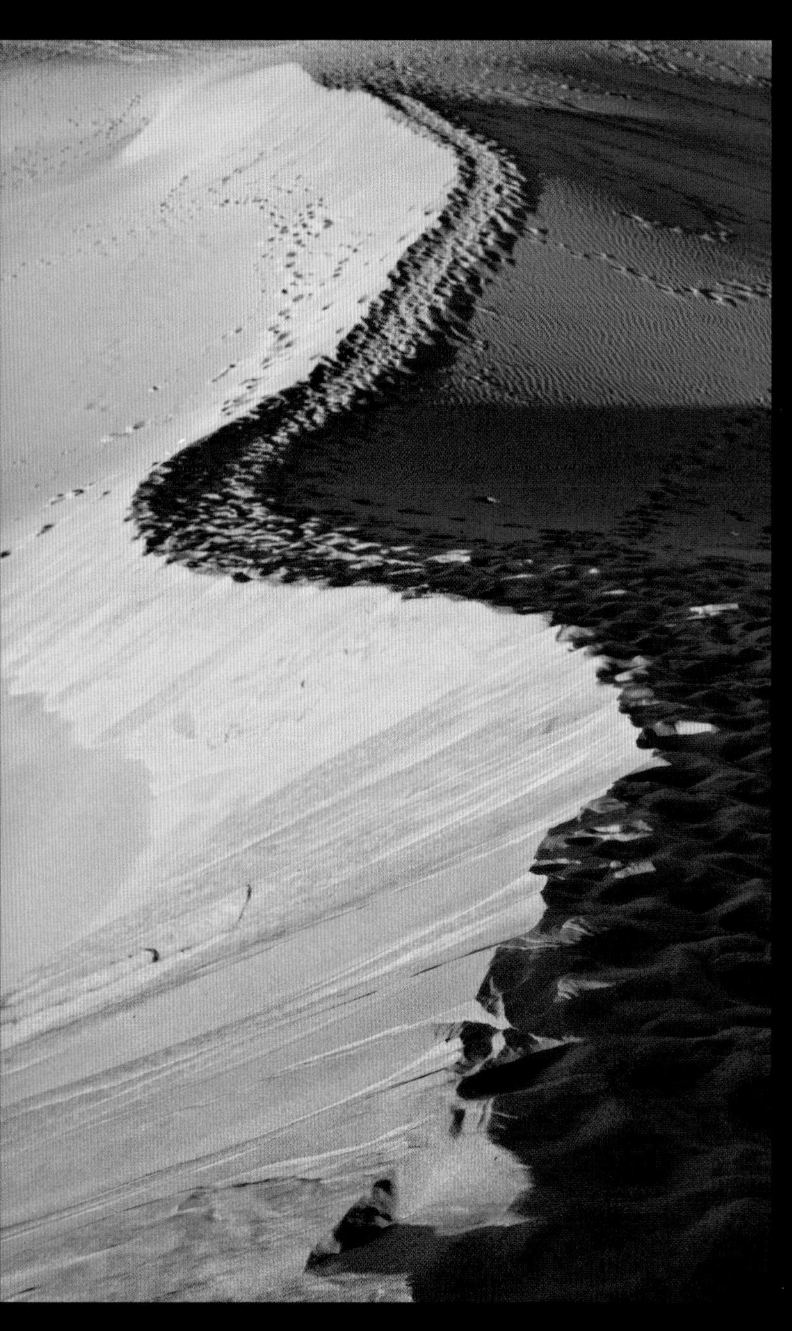

斜射光下的沙漠

斜斜的直射光将沙丘分成明暗两半，而明暗交汇处的线条由近及远蜿蜒延伸，给人视觉上的美感。直射光的热烈与金黄色的色彩更将沙漠的炎热感完美地呈现出来。

光圈：F8　快门速度：1/250s

感光度：ISO100　曝光模式：光圈优先

日落西山

烘烤大地一天的太阳即将落入西边的山峦中，但依然热烈的照射着大地，空气中似乎都散发着日落时分的躁动与炎热。近处的船坞在逆光下形成一个个剪影，而水面正映衬着天际间的橘色，形成一条亮丽的光路，将我们的视角拉向太阳那边。

光圈：F11　快门速度：1/80s　感光度：ISO100
曝光模式：快门优先

姐 弟

这是一对尼泊尔的小姐弟，漂亮的姐姐抱着年幼的弟弟，是那样的自然、和谐，年幼的姐姐眼睛里依然闪烁着顽皮与纯真，而弟弟则更多的表现出一种好奇。由于是在走廊里拍摄，光线较暗，我们不得不降低快门速度并将光圈开到最大。

光圈：F2.8　快门速度：1/50s　感光度：ISO100
曝光模式：手动

数码单反相机的曝光模式有程序自动曝光（P挡）、光圈优先自动曝光（A挡）、快门优先自动曝光（S挡）和手动曝光（M挡）等。另外，有些还针对初学者设定了不同场景的曝光模式，如：人像模式、运动模式、风光模式、微距模式、超焦距模式、夜景模式等，这些实际上都是具有特定要求的自动曝光程序，可以满足不同的拍摄需求。

便捷的程序自动曝光模式

程序自动曝光模式是相机的光圈和快门速度按照一定程序进行自动曝光。用程序自动曝光模式时，相机将会根据测光系统测得的曝光量，并自动选择合适的光圈、快门组合。一船简单的程序曝光会尽量选择大小适度的光圈以及不太慢的快门速度，以避免造成在拍摄时的画面模糊。

在该模式中，由于相机是自动选择快门速度和光圈的，所以对于快速摄影非常便利，极大地方便了用户，尤其是从没有接触过相机的用户，也可以很轻易地使用自动挡来拍摄出曝光基本合理的照片来。

P挡模式

利用程序挡拍摄集体照

利用程序挡拍摄，相机将会自动给出曝光量，所以在拍摄时我们不需要考虑曝光不足或过度的问题，非常适合于拍摄合影。

光圈：F10　快门速度：1/15s　感光度：ISO50　曝光模式：程序挡

知识链接

程序自动曝光偏移

在P挡状态下，如果你更改光圈或者快门其中的一项，则另外一项会由相机内部的程序自动变更，以保证曝光的准确性。举例来说，如果当前场景的测光值是F2.8与1/60s，而你又手动将光圈调整至F4，那么相机则会自动将快门调整至1/30s以保证曝光量不变。同样，如果你将快门调整至1/30s，那么光圈则会由机身自动调整至F4来保证曝光量不变，这个过程叫做程序自动曝光偏移。

独特的光圈优先模式

光圈优先自动曝光模式又称为“光圈先决式曝光模式”。这种曝光模式为手动选择光圈的大小，然后相机会根据光圈的大小自动调节快门速度以进行正确的曝光。在相机的自动挡位或者模式拨盘中标有“Av”，这就是光圈优先模式。这种模式强调景深的控制，拍摄时需要拍摄对象大景深就设置小光圈，需要小景深以突出拍摄对象就设置大光圈。

例如拍摄人像时，需要较小的景深来虚化背景突出主体，就可以选用大光圈来达到这样的效果；拍摄风光照片时，需要较大的景深以使画面的各部分都清晰可见，这时我们可以选择小的光圈来实现。在光圈确定以后，相机就会自动选择合适的快门速度，以获得正确的曝光。另外，大多数数码单反相机的光圈值还可以按1/2挡来调节，专业数码单反相机甚至还可以按1/3挡光圈来调节。

利用Av挡突出人物

利用光圈优先模式可以刻意去调大光圈，来突出拍摄主体，画面中我们利用大光圈将人物后面的背景最大程度虚化，从而将人物的面部轮廓很好地表现出来。

光圈：F5.6　快门速度：1/160s
感光度：ISO100　曝光模式：光圈优先

Av挡模式

展现艳丽的花卉

在拍摄花卉时，为了突出花卉，也可以选择光圈优先模式，将光圈调大达到突出花朵的目的。

光圈：F3.5　快门速度：1/200s　感光度：ISO200　曝光模式：光圈优先

动感的快门优先模式

快门速度优先曝光模式又称“快门先决式曝光模式”。在这种曝光模式下，首先需要手动选择快门速度，然后相机会根据快门速度的大小自动调节光圈大小以达到正确的曝光。在相机的自动挡位上通常会使用“S”或者“Tv”来表示，快门速度可以在1/10000秒到30秒的范围内设置，现在有的数码相机的快门速度可以设置的更高。这种模式适宜拍摄运动中的物体，拍摄者可以采用这种模式选择较高的快门速度来“凝固”被摄主体的运动瞬间，也可以选择比较低的快门速度来使被摄主体运动的影像虚化，以突出表现动感。例如要拍一个快速奔跑的野兔时，就用快门优先，应先设定较高的快门速度，如1 / 6000秒；要拍摄夜景或虚化的动体，则应先设定较慢的快门速度，如1 / 2s、10s、20s等等。

Tv挡模式

光圈：F22　快门速度：1/6s　感光度：ISO100　曝光模式：快门优先

慢速快门展现磅礴水势

为了得到虚化的水流，先设置快门速度为1/6s，Tv模式会自动调整相应的光圈值来保证正确的曝光量。

光圈：F5.6　快门速度：1/800s　感光度：ISO100　曝光模式：快门优先

高速快门记录冲浪的瞬间

在拍摄时，为了记录选手运动的精彩瞬间，需要较高的感光度来拍摄，所以我们可以使用快门优先模式来将快门速度调高至1/800秒，从而很好的记录下这一精彩画面。

自主的手动模式

全手动模式更多的融入了摄影人自身的个人意志，拍摄者可以全权做主来设置相机的光圈值和快门速度。使得拍摄出来的影像与自己想要得到的影像相吻合，适合于有特殊创意和想法的朋友使用。

虽然其他的曝光模式可以拍摄大部分我们想要的照片，但是，在光线很复杂的环境下（比如森林里），还有光线非常暗的环境中（比如夜间的公园）。相机的测光系统往往无法识别光线强度，所以根无法给出正确的曝光组合，这时候全手动设置曝光参数就可以派上用场，我们可以通过不断地改变曝光组合来试拍，从而得到正确的曝光。

另外，我们还可以通过手动模式来达到一些特殊视觉效果的照片，我们知道光圈和快门是组合，即曝光参数F11、1/125s和F8、1/250s两个组合的曝光量是一样的，所以摄影者可以通过改变光圈大小和快门速度来得到一些特殊的效果，比如增加光圈可以虚化背景；减慢快门可以避免把瀑布拍成水珠；故意的曝光过度来增加人脸的白皙感；曝光不足来突出深色物体的立体感。而这些效果都是相机自动曝光所无法完成的。

综上所述，手动模式的优点就是摄影者可以自行控制曝光条件，来表现自己的摄影作品，使其产生曝光过度或曝光不足的视觉效果，是许多专业摄影者所喜爱的模式。

M挡模式

利用手动模式拍摄美女

利用影室灯拍摄时，手动挡是最佳的选择，一方面手动挡可以让我们随意地改变曝光量，来达到我们想要的画面效果，另外影室灯是瞬间放光，相机在拍摄时不能及时改变曝光组合，所以必须提前设定好曝光量。

光圈：F2.8　快门速度：1/125s　感光度：ISO100　曝光模式：光圈优先

光圈：F2.8　快门速度：1/500s　感光度：ISO100　曝光模式：手动

光圈：F16　快门速度：1/50s　感光度：ISO100　曝光模式：手动

夜晚的灯火

夜晚光线较暗，有时往往找不到对焦点，出现失焦现象，所以在拍摄时往往会把光圈调到最小，然后进行手动对焦拍摄。

光圈：F32　快门速度：15s　感光度：ISO100　曝光模式：手动

特写花卉

在拍摄花卉特写的时候，需要我们预先测定曝光值，在测定以后对相机设置好光圈与快门值，然后再重新构图对焦进行拍摄，整个过程需要手动模式才能完成。

逆光中的剪影

拍摄逆光下的画面时，由于逆光光线很容易干扰相机的测光与对焦系统，所以最好在拍前测定光线，设定好曝光值，然后再进行手动对焦拍摄。

知识链接

利用M挡拍摄高调与低调

在拍摄高调与低调照片时,往往曝光补偿会超过其他曝光模式的最高或者最低挡。一般单反相机的曝光补偿是从+2到-2,如果我们需要+3或者-3的曝光补偿时,就只能用利用M挡来达到这一要求了。

高调影像

低调影像

独具一格的情景模式

拍摄一张照片，要求相机根据场景光线多少进行准确的感光度、快门速度和光圈值的设置。如果这些要素都在相机上准确的设置好了，就能得到一张正确曝光的照片。在情景模式下，相机可以通过对情景模式的选择来控制照片效果，并且自动进行各种曝光设置。在情景模式下设置相机自动曝光很方便，特别适合于快速拍摄，只需要将模式转盘置于需要的场景模式下，然后对焦拍摄即可。

人像模式

采用人像模式可以轻松拍摄出漂亮的人物照片。相机不仅会自动选择对焦点，而且画质也被设置为更加适于拍摄人物的模式。在拍摄时，相机会自动开大光圈，便于拍出主体人物清晰，背景模糊的浅景深照片，以突出人物主体。另外，人像模式还可以利用照片风格对照片色调进行调整，使肌肤质地更加柔和。在拍摄时，人像模式的曝光相对偏亮，这样可以使的皮肤显得更加白皙。在色调方面偏向暖色，但并未有太大变化，只是使人物肌肤会略带粉色，使人物显得更加健康、更具活力。

风景模式

选择风景模式，相机会自动采用小光圈，并将焦点放在最远处，以获取从近到远都清晰的大景深效果。由于风景模式的景深较大，我们在抓拍时也可以采用这一模式，以保证拍摄对象的清晰度。另外，在画质方面，不仅提高了锐利度，还能够对细节部分进行细致表现，并且加强了绿色、红色、蓝色等色彩的色调，使天空和树木等显得更加鲜艳。在拍摄瀑布时，为了取得慢速快门的流动效果，也可以采用风景模式，并将相机的感光度设至最低，并禁止闪光，相机就会采用较低的快门速度，拍出流水动感。

夜景人像模式

夜景人像模式是融合了夜景摄影与人像摄影这两种不同类型的摄影技术的一种拍摄模式。可同时对人物和背景进行明亮的成像，可避免通常闪光拍摄时出现的背景完全变黑的弊端。夜景人像模式的相机设置由闪光灯闪光加低速快门组成。进行闪光摄影时背景变暗是由于快门速度过高引起的现象，而夜景人像模式为了获得更多的背景光量，采用了低速快门，所以可避免这种现象产生。另外，为了避免快门速度过低，ISO感光度被设置为自动，相机可根据周围的条件自动选择ISO感光度。

运动模式

运动模式适合拍摄高速运动的物体，如体育比赛、高速移动的汽车、动物等。这一模式类似于“快门优先”，相机会采用1/250秒以上的高速快门进行拍摄，是可以让任何人都能享受到运动摄影乐趣的高级拍摄模式。在拍摄时，自动对焦功能将追踪正在运动的被摄体，进行连续对焦。对焦点选择也自动完成。同时，为了能够凝固被摄体的运动瞬间，相机自动采用了较高的ISO感光度，以保证较高的快门速度。而且运动模式还采用了连拍功能，提高了捕捉瞬间机会的能力。

微距模式

微距模式适合近距离拍摄花卉、昆虫、收藏品等微小物品，同时还可以最大限度地靠近被摄体，此时相机会使用最大光圈，取得景深极浅的效果，是一种可以广泛应用的便捷拍摄模式。另外，考虑到手持进行拍摄的情况，微距模式下ISO感光度设置为自动以防止手抖动现象的出现。由于内置闪光灯被设置为可自动闪光，即便被摄体被拍摄者的影子笼罩也可以获得适当的亮度。微距摄影广泛应用于花草、昆虫等自然摄影以及拍摄身边周围的小物体。即使是抓拍，微小物体也可以采用微距模式，完全不成问题。

闪光灯关闭模式

夜景模式适合拍摄长时间曝光的照片，例如夜景、烟花、舞台照等，类似于B门。夜景模式时相机会采用小光圈，禁止闪光，并将焦距调至远处，采用较低的快门速度。由于夜景模式下快门速度较低，应当特别注意防止相机的抖动。

拍摄人物

利用人像模式拍摄时，人物肤质细腻，皮肤质感的表现力强。

光圈：F1.6　快门速度：1/1600s
感光度：ISO100　曝光模式：情景模式

拍摄风光

风景模式在拍摄风光照片时，可以使色彩的饱和度更高，色彩显得更艳丽，画面效果更吸引人。

光圈：F5.6　快门速度：1/250s
感光度：ISO100　曝光模式：情景模式

表现动态

运动模式在拍摄时，可以自行调整快门速度，很好地将动态的画面拍摄下来。

光圈：F4.5　快门速度：1/160s
感光度：ISO100　曝光模式：情景模式

展现细节

利用微距模式可以很好地展示细微的景物，并且将拍摄主体的色彩、光感、质感表现出来。画面中普通的蒲公英种子在微距的视角效果下变得不同寻常。

光圈：F1.8　快门速度：1/400s　感光度：ISO100　曝光模式：情景模式

光圈：F3.5　快门速度：1/1000s　感光度：ISO100　曝光模式：情景模式

暮色时分的人像

这幅画面是在尼泊尔首都加德满都的杜巴广场拍摄的，由于当时周围的光线已经暗了下来，为了将人物和周围的环境都得到表现，我使用了夜景人像模式，画面中的人物光感自然，闪光灯闪出的光线也很好地与周围的环境光线融合。

光圈：F8　快门速度：1/60s　感光度：ISO100　曝光模式：情景模式

人民大会堂夜景

这幅画面是在国家大剧院附近拍摄的人民大会堂的背面，大剧院周围宽阔的水面与人民大会堂的灯光相映程辉，为了不破坏这种氛围，我们选用了强制不闪光模式，从而让画面更真实自然。

光圈：F11　快门速度：1s　感光度：ISO100　曝光模式：情景模式

便利的直方图

数码摄影参考曝光时更为直观的方式就是利用直方图，直方图能够显示一张照片中色调的分布情况，揭示照片中每个亮度级别下像素出现的数量。

数码摄影最大的优点之一是它可以立刻提供给你反馈信息，你可以在刚拍摄完图片的同时进行查看。但是，这样的习惯往往会导致摄影师产生一种随意性，觉得反正有直方图可以判断，就不必特别用心去判断曝光量，也使得摄影师缺少了更多的主动性。但是直方图的便利性与直观性我们也是不能忽视的，有些相机可显示每张图片的直方图，这可以为你提供比较准确的数据。直方图可以显示为曲线图或柱状图标，从左边的最暗点，到中间的灰点，再到右边的最亮点，以表示画面中的色调分布情况。

但需要注意的是，相机的液晶屏用于评定曝光时会对你的视觉判断造成一定的误差，如当你偏离垂直角度查看时，画面会显得过暗或过亮；当你周围的环境光太暗或太亮时，也会影响到你对图片的判断。

曝光准确的画面

从直方图中我们可以看出，画面整体的亮度都在其所能表现的范围内，并没有溢出部分，而暗部也没有过于浓重的死点。整个图片中各个物体的亮度都符合我们的一般认知，可以认为，这张图片的曝光是比较准确的。

光圈：F2.8　快门速度：1/640s
感光度：ISO100　曝光模式：光圈优先

画面直方图

直方图的横坐标代表像素的亮度，左暗右亮。很多相机厂商将直方图从左到右分成“很暗”、“较暗”、“较亮”、“很亮”四个区域，也有的相机厂商将直方图分为五个区域。这些分区与直方图本身并没有关系，也不会影响到直方图的形成。无论四个区域还是五个区域，它们不过是为了观看方便而已。

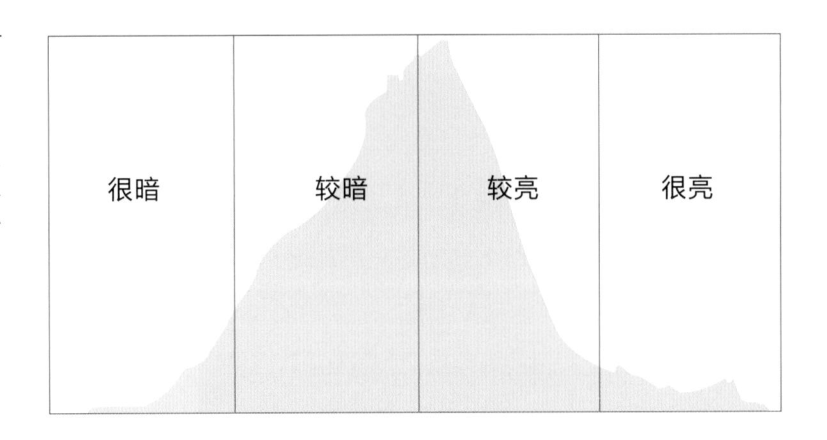

高调画面

这是一幅高调照片，从相机的直方图中我们可以看到，高亮的部分集中在直方图的最右端，这样可以很好地表现出雪地的质感。同时，我们看到雪地上的阴影与裸露的土地仍然处在直方图的“较亮”区域，所以在后期我们可以适当加大反差让画面更均匀些。

光圈：F2.8　快门速度：1/640s　感光度：ISO100
曝光模式：光圈优先

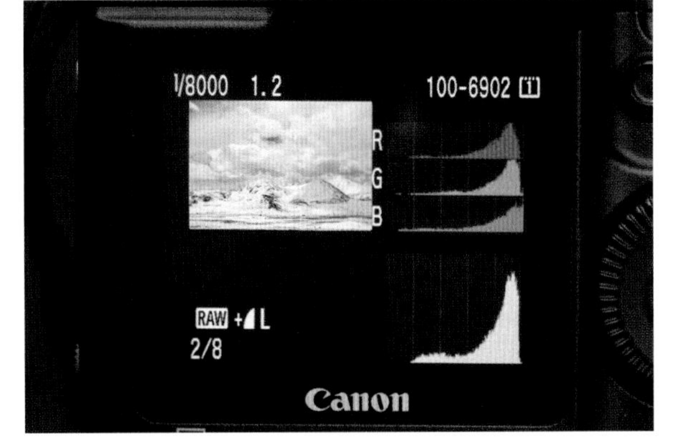

学会看懂直方图，曝光将会变得更加容易和准确。

以一般的正确曝光的要求来看，一幅照片需要有丰富的层次，无论是高光部分还是阴影部分，细节层次越多越好。这样的照片通过直方图来显示时，则从左到右都有曲线分布，同时直方图的两侧不会有像素溢出。典型的直方图形状有以下几种，分别对应不同的曝光状况，我们将通过学习这些丰富的案例，让大家对直方图和照片之间的关系更加了解。

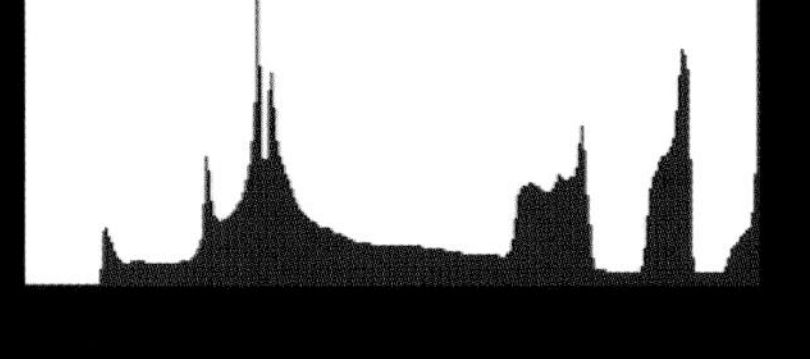

在直方图中我们看出右端高光溢出，代表着画面高光区域有细节损失。整个画面的直方图稍微偏右，也就是说画面偏亮，有曝光过度的嫌疑。

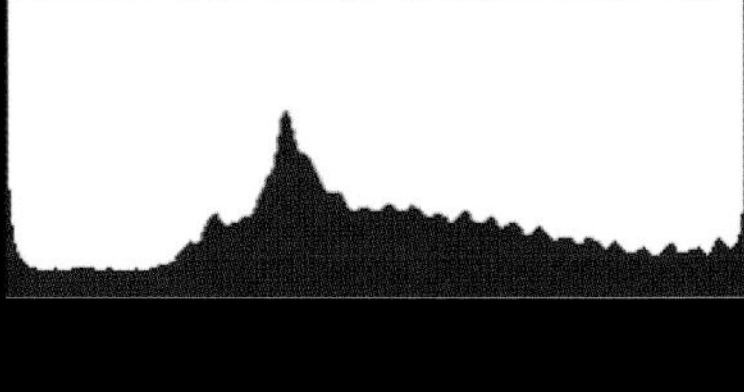

这张直方图表示原照片中含有许多影调群，几乎都平衡地从阴影区域分布到高光区域，说明画面的层次细腻丰富。另外我们看到两边都有像素挤在边缘，说明亮部和暗部都有细节损失。

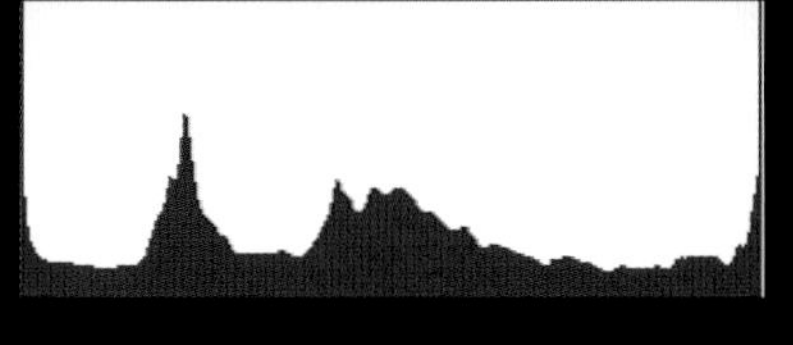

画面整体分为四个区域，最左边的高高凸起代表着画面中的深色背景，那些绿色的叶子；中间的凸起代表着前端红色的郁金香；右边区域呈现出小小的凸起，代表着画面背景中那些被模糊的黄色郁金香；而最右端靠近边缘处的那个凸起代表着画面最前端的黄色郁金香。

从这张画面的直方图中我们可以看到，画面超过1/3的部分在阴影中，最左边的影调挤在边缘，表示暗部的细节损失。右端靠近边缘处有一小块儿凸起，代表着我们画面中的太阳。

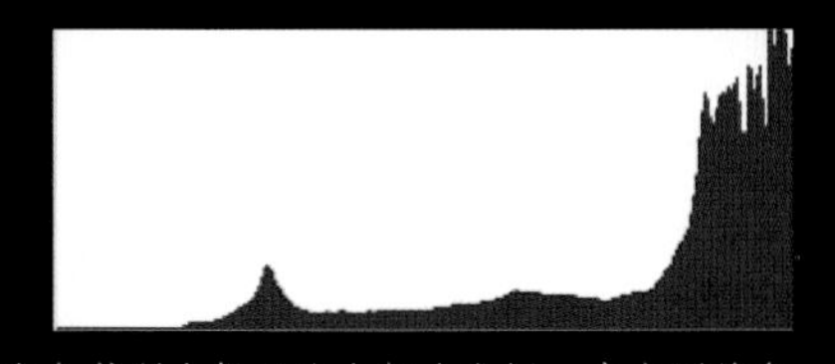

白色的背景和浅色基调占据了绝大部分空间，直方图的色调大多集中在最右端，且右端的影调挤在边缘，说明有高光溢出，左端那个小小的凸起代表着人物深色的头发。

Chapter 03

巧妙运用自然光

自然光

自然光不但指晴天的阳光，也包括阴、雨、雪、雾天气所反射出来的光线，还有夜晚的月光和室内没有人工照明所见到的光线，这些皆属于自然光范围。对于摄影来说，光线就是一种工具，你能否运用自如，要看你是否训练有素，但更为重要的是想象力。摄影者必须学会观察光线及其效果，即使是脚步移位，光线也会有不同的变化。千变万化的光线效果是如此绝妙，而又是摄影用光中最容易获得的，而对于我们来说，为什么不更好地去利用这些光线来拍摄出色的照片呢？

自然光在摄影中发挥着重要的作用。从早到晚，随着时间的推移，光线也会有很大的差异。在摄影中如能充分利用明暗相称的光线效果，可使作品产生诱人的光影情趣，例如低斜的自然光射在草地、海滩、水面和山顶上所产生的阴影和投影，以及自然光照射下的雪景，这些在画面上所表现的色彩、轮廓、线条等，都能突显出异常动人的视觉效果。

在运用自然光拍摄时，耐心是摄影师必备的素质。纵观一天，从黎明第一缕独特的金粉色光线开始，经过中午刺眼的白光，再到傍晚丰富的金黄色光芒，这不仅是颜色的改变，光线的方向与角度也在随着时间的推移而发生变化，所以要想拍到一幅出色的画面，等待是必不可少的功课。

在摄影中，越了解自然光的形成原理和变化规律，你就越容易预见到你所想要拍摄画面的最佳光照条件、拍摄角度以及拍摄时机。

知识链接

利用光线明暗突出主体

摄影是光与影的艺术。任何一幅图片都存在光线的明暗对比。就人眼的接受能力而言，一般情况下，对比较明亮事物的注意力要大于身处黑暗地带的事物反应强烈。这一点，大家在拍摄的时候可以充分利用。

利用光线的明暗关系来突出主体是比较重要的手段。通常的做法是把主体安排在比较明亮的光线下，把不太重要的陪衬体安排在阴暗中。另外，我们还可以借助各种光线照明手段来突出拍摄对象，比如亮背景衬托暗主体；暗背景衬托亮主体等等。

利用亮背景衬托漂亮的花卉

利用暗背景衬托漂亮的天鹅

直射光下的针叶松

在高原区域生长着一种松树，我们称之为针叶松，这种松树生命力顽强且耐高寒，非常适宜于在高原生长。在拍摄时，我选择了一个较高的角度来展示针叶松在阳光的直射下傲然生长，给人一种积极向上的活力。

光圈：F8　快门速度：1/400s　感光度：ISO100　曝光模式：光圈优先

散射光下的油菜花田

阴天的散射光是自然光的一种，在散射光下，漂亮的油菜花色彩鲜艳，远远望去黄绿相间，十分惬意，给人带来一种视觉上的美感。远处的群山由于空气透视的缘故，也给人一种迷蒙感。

光圈：F11　快门速度：1/13s　感光度：ISO100　曝光模式：光圈优先

傍晚时分漂亮的火烧云

傍晚时分，夕阳的余辉洒向天空，被云朵遮盖的区域呈现出了漂亮的火烧云。

光圈：F16　快门速度：1/13s　感光度：ISO100
曝光模式：光圈优先

秋日晴天里的光线

秋日的光线不如夏日那般灼热，但依然强烈，而且秋日常被我们描述为“秋高气爽”，可以见得这个季节空气透视好，天空也显得很蓝，此时的光线可以很好地将秋日的色彩展现出来。

光圈：F11　快门速度：1/80s　感光度：ISO100
曝光模式：光圈优先

一天中的光线变化

在自然光照下拍摄，最明显的一个特点就是光线始终在不断转换。在一天的时间中，太阳的位置不断发生着变化，与地平面形成不同的入射角，并由于大气层的影响光线的色温也发生着变化。

黎明与黄昏

从东方发白到日出之前为黎明时刻，从太阳落山到天空中星星出现之前为黄昏时刻，而这两个时间段的光线我们总称为暮光。和白天普通的光线一样，暮光也是一种对光源的反射，但它的效果更为复杂。在晴朗的天空中，阴影的浓度从最亮的地平线向上逐渐减弱，因此在日出和日落的方向处，靠近地面的天空较亮，而我们头顶上方的天空则较暗。事实上，一方面天空扮演了柔光屏的角色，另一方面也扮演着反光板的角色。

从恰好可辨的光亮到真正的日出或日落，光线会发生相当大的变化。此时，地面上的景物被微弱的天空散射光所照明，但普遍亮度较低，能见度不高，很难表现出景物的细节与层次，所以如果对暮光拍摄，可以尝试曝光不足的效果来获得地平线景物的剪影。在这类逆光拍摄的照片中，由明渐暗的天空亮度为曝光提供了不同的选择。略微曝光不足可以使画面中的颜色更强烈，令人把注意力集中在地平线附近；略微曝光过度会减弱较低天空的部分色彩，但可以表现出更多的蓝色成分，从而扩展了画面中拍摄对象的区域。这两种曝光都是我们所允许的，其关键还要看我们想要什么样的画面效果。

星空

在黎明时分，我们对着远处太阳将会升起的位置拍摄星空可以得到很漂亮的画面。

光圈：F22　快门速度：135s　感光度：ISO50
曝光模式：手动

黎明时分的云海

太阳还未升起，但天边已经沾染了漂亮的紫红色，整个云海被淡淡的蓝色覆盖，沉寂在日出前的宁静中。

光圈：F16　快门速度：50s　感光度：ISO100
曝光模式：光圈优先

暮 色

在暮光中，我们的相机真实地记录了光线的色彩，在画面中清冷的蓝色调下农家亮起的那一盏红灯笼无疑成为视觉的重点，给画面带来一丝暖意。

光圈：F8　快门速度：15s
感光度：ISO100　曝光模式：光圈优先

黄昏时分

太阳已经落山，余辉也渐渐散去，夜色越来越浓重，而此时只有远处的天际依然保留着还未消退的光亮。

光圈：F8　快门速度：1/4s　感光度：ISO100　曝光模式：光圈优先

海上日出

画面中虽然没有将太阳拍摄进来，但日出时所特有的色彩告诉我们此时太阳正从海平面升起，由于长时间曝光的缘故，使得流动的海水呈现出一种如烟似雾的效果。

光圈：F32　快门速度：10s　感光度：ISO100　曝光模式：光圈优先

日出时分

日出的氛围较日落时要冷清些，日出时只有靠近太阳的天空被霞光笼罩，而远一点的天空依然沉寂在蓝色中。

光圈：F22　快门速度：2s　感光度：ISO100
曝光模式：光圈优先

落日时分

对着太阳拍摄难度较大，尤其是傍晚时分的太阳，光线十分强烈，这样的光线可以为我们带来极好的画面效果。

光圈：F22　快门速度：1/25s　感光度：ISO100
曝光模式：光圈优先

光圈：F16　快门速度：1/80s　感光度：ISO100　曝光模式：光圈优先

正午时分

在正午时分，太阳光线几乎和地面垂直，这时的景物水平面被普遍照明，而垂直面受光很小或几乎没有，太阳光强烈，且反差较大。同时由于阳光照射到地面的路径相对短些，光照强烈且散射光少，阴影部分不能获得足够的散射补光，景物明暗反差显著增大。

正午时分

牦牛的影子在它的正下方，这说明此时是正午时分，光线直射下来，对于日常比较忌讳的顶光此时用得恰到好处，光线将牦牛的形体、神态及其身上的色泽都很好地表现了出来。

光圈：F35　快门速度：1/2500s　感光度：ISO100　曝光模式：光圈优先

光圈：F16　快门速度：1/80s　感光度：ISO100　曝光模式：光圈优先

上午与下午

这两段时间中太阳的光线变化不大，光源的光谱成分比较稳定，反差正常，持续的时间较长，称为正常照明时刻。地面景物的垂直面和水平面均能得到较均匀的照射，并形成一定的入射角，光比适中大约在1：4-1：8之间，能够较好地表现物体的立体形态和表面结构。另外，这两个时间段的色温相对稳定在5400K-5600K之间，拍摄出的画面清晰、明快。

上午的光线

上午的光线不像下午时分那般强烈与灼热，天空也显得很透彻，斜斜的直射光更给人一种清晰与通透感。如画面中，隆起的山脊在上午直射光的照射下显得非常清爽。

光圈：F16　快门速度：1/25s　感光度：ISO50
曝光模式：光圈优先

下午的光线

下午时分的光线带有一份灼热感，虽然照射角度与上午时分没有差别，但下午的空气透视效果较差，整个画面会有一种不自觉的闷热感。

光圈：F16　快门速度：1/25s　感光度：ISO50　曝光模式：光圈优先

记录一天中光影的变化

随着一天时间的推移，阳光的变化会使场景呈现出不同的景象，有时会产生迷人的效果。在白天有太阳照射的时候，照射在拍摄对象上的光线方向沿着半球形的轨迹变化，所以我们可以很轻易地找出一天中阳光照射的角度，并将它记录下，方便以后拍摄时作为参考。

中午

上午

下午

早晨

主体

傍晚

一天中太阳光的光位图

早上7点

上午10点

正午11点

正午12点

下午2点

下午4点

傍晚6点

不同季节的光线效果

户外光线会随着气候和季节的改变而发生变化。季节不同，太阳位置也会不同，光线的强弱也不同，这是由于地球绕太阳转，使得阳光射向地面的光线有直射和斜射的差别，气温有炎热和寒冷的差别。而这些不起眼的因素往往会被摄影师忽略。

春季与秋季的光线

春天和秋天是最适合拍摄的季节。因为在这两个季节中，太阳在天空中的位置较高，此时的光线角度能够使画面具有较好的立体感、空间感和色彩表现。而且这两个季节的光线位置适当、光质柔和，利用这两个季节的日光所拍摄的画面明暗反差不大，影调比较明快，能够展现出和谐美，给人以舒爽清透的感觉，因此比较适合摄影。

春季的阳光非常和煦，使画面色彩丰富，色彩还原较好，室外的环境光会体现出淡淡的黄绿色调，可以营造出充满活力的画面；秋季天高气爽，是丰收的季节，环境光中会表现出淡淡的金黄色色调，可以营造出温馨的画面氛围。拍摄时只要用心观察光线的变化，并且恰当地运用这些光线，就可以创造出美丽的画面。

春季拍摄

在春天，万物呈现出复苏的状态，整个大地裸露的土色较多，选取小区域的色彩进行拍摄，整个画面如少女般甜美，给人一种羞涩之美。

光圈：F18　快门速度：1/15s　感光度：ISO100
曝光模式：光圈优先

知识链接

不同季节的曝光

不同的季节光照度不同，光的亮度也各不相同，所以在对应季节拍摄时所需的曝光量也各不相同。一般来说夏季、春秋两季和冬季之间亮度各差一挡。举例来说，在感光度不变的情况下，如果在夏季所用的光圈与快门速度为f11、1/100秒，到了春秋两季就该用f8、1/100秒，冬季自然应该用f5.6、1/100秒。

秋季拍摄

如果把春天比作少女，那秋天无疑就是少妇，有一种浓妆艳抹的惊艳，秋日的光线较春天更为热烈。表现出的色彩也更为鲜艳、透彻、直白。

光圈：F16　快门速度：1/25s　感光度：ISO50
曝光模式：手动

夏季的光线

夏季为直射光，光线照射时间较长，温度高，光线强烈且光质较硬，不如春秋季节的光线柔和，尤其是中午时分的光线十分强烈，在拍摄时要避免直接面向日光进行拍摄。另外，利用夏天的日光拍摄时，画面的明暗反差较大，但强烈的光线也有利于突出拍摄对象的质感。

夏季拍摄

夏季的光线是一年中最为强烈的光线，在这个季节空气中总不自觉地附带有一种炎热感，而且这个季节的云层多为大块的积雨云，可以很好修饰天空并连接起地面。

光圈：F11　快门速度：1/160s　感光度：ISO100
曝光模式：光圈优先

冬季的光线

在冬季，太阳位置较低，而且光线很柔和，所以拍摄时一定要注意画面立体感的表现。但是因为雪对光线的反射作用较强，所以地面的亮度较高，环境反射光强烈，使得拍摄对象受光面亮度较高，背光部分则较暗，从而使得画面明暗对比较强，极具形式美感。另外，在拍摄雪景时需要注意曝光的问题，要根据“白加黑减”的原则拍摄白雪，利用曝光补偿功能适当增加1-2挡曝光。

冬季拍摄

冬季的光线较为柔和，地面亮度较高，所以在拍摄时很难拍摄出大光比的画面，这时就需要我们借助景物的色彩来提升画面的整体视觉效果。如画面中黑色的树干使得整个画面显得不再单调。

光圈：F32　快门速度：1/10s　感光度：ISO50
曝光模式：光圈优先

拍摄漂亮的雪景

冬日的大地总是被厚厚的白雪覆盖，所以在拍摄时画面的环境反光较强，致使相机测得的曝光值有些不准，为了更好地还原雪的白色，我们在原有的基础上增加了1挡的曝光。

光圈：F16　快门速度：1/30s　感光度：ISO50　曝光模式：光圈优先

光圈：F16　快门速度：1/125s　感光度：ISO100　曝光模式：光圈优先

光圈：F4　快门速度：1/40s　感光度：ISO100　曝光模式：光圈优先

室内自然光

利用室内入射的自然光线拍照是非常简单的，假如你细心留意窗户本身，它能提供非常良好的造型光；室内自然光又是比较复杂的，由于门窗方向、墙壁的反光程度各不相同，从而形成了千差万别的变化。室内自然光的一切用光方式均以突出室内自然光的气氛和光线特点为前提，从而真实地再现白天室内环境和人物的活动。

婚礼中的新娘

这是利用室内自然光线拍摄的一位尼泊尔婚礼中的新娘。漂亮的新娘身穿红色礼服，戴着大红镶金色的手环，头上戴着漂亮的发饰，头微微低着，面部带着腼腆的笑意，给人一种淳朴、害羞的视觉感。

光圈：F4.5　快门速度：1/100s

感光度：ISO100　曝光模式：光圈优先

室内光线主要来自天空的直射光与环境反射光源，当阳光直射入室内时，除了在阳光直接投射的地方为直射光照明外，其他皆为散射光照明，这种情况下太阳成了主要的光源。当阳光不能直射入室内时，主要光源为天光与环境的反射光。

通常，位于墙上的窗户是室内自然光线的典型光源，它的朝向和窗外的景象控制着进入室内的日光的颜色，例如窗外近处是太阳晒着的红砖墙，光线就会偏红；窗外是花园并有高大的树木，光线就会发绿；窗口对着蓝天，就带点蓝色。室内利用自然光拍摄，不论时间与天气怎样变化，在室内只能引起光亮度的变化，其光的照射方向一般是固定不变的。

由于室内反射光一般都较弱，会使拍摄对象的阴影部位与强光部位形成极大的反差，拍摄对象离门窗越近，反差越大；离门窗越远，反差越小。在拍摄时，可以充分利用反光工具和室内自然条件的反射光对拍摄对象进行补光，以便取得理想效果。

漂亮的花卉

这只是一张利用室内光线拍摄的花卉小景，在拍摄时，更多地利用了窗口的自然光线，没有做过多的修饰，让画面散发着一种自然而然的美感。

光圈：F3.5　快门速度：1/250s
感光度：ISO100　曝光模式：光圈优先

作 坊

画面中拍摄的是一个陶器作坊的工人正在制作陶器，仅仅利用室内墙面反射的环境光线与从门口照射进来的自然光线进行拍摄，由于光比较大，使得接近门口的地面出现细节的缺失，但这并不影响画面整体的视觉效果和氛围。

光圈：F8　快门速度：1/60s
感光度：ISO100　曝光模式：光圈优先

如果室内光线的主光源是窗口照射进来的光线，那么它的强弱可通过拉开或拉上窗帘的办法来调节。拍摄时，可以按自己的意愿用百叶窗将硬线条的直射光创造出奇特的光影效果；也可以用薄窗帘把直射下来的光线变成散射光。

室内自然光能使拍摄对象具有更多的层次，使画面影调具有浑厚的变化，在室内自然光下拍人物，能使人物神态自然、真实，现场气氛浓厚。正确了解室内自然光的特点，并充分发挥室内自然光的表现力，就能拍出具有艺术魅力的作品。

窗口的直射光线

画面中的美女在窗口处被窗外照射进来的直射光照射，五官轮廓富有立体感。

光圈：F1.8
快门速度：1/1500s
感光度：ISO100
曝光模式：手动

窗口的散射光线

当我们觉得更想用散射光线来表现女孩的柔美时，可将薄薄的纱窗拉上，室内的光线瞬时柔和了许多，女孩的脸上没有了直射光线的阴影。

光圈：F2.8　快门速度：1/400s　感光度：ISO100　曝光模式：手动

为室内光线补光

当单纯的室内光线不足以完成拍摄任务的时候，可以适当地使用反光板或闪光灯为人物补光，如画面中所示。

光圈：F2.8 快门速度：1/1000s 感光度：ISO100 曝光模式：手动

不同光位下的光影变化

对于光位的变化，在前面章节中已经做过详细的讲解，在此不做赘述，在本节中主要向大家介绍自然光在不同光位下的影像变化，从而更好地运用自然光线拍摄出漂亮的光影画面。

富有立体感的侧光

在所有的摄影用光中，就表现物体造型和质感来说，侧光可能是最有用的一种，而这完全归功于阴影的投射情况。在侧光的条件下，阴影是最明显的，这些阴影可以很好地表现物体表面的起伏。拍摄时，侧光会产生以下三种画面效果：

第一、明暗分界线能勾勒出拍摄对象正面的轮廓，产生造型效果。

第二、投影在侧光情况下是最长的，也最能表现质感，所以表现小沟壑、小褶皱等细节丰富的表面用侧光是最合适不过的。

第三、侧光可以产生强烈的对比。如果天空晴朗，周围又没有可反射光线的物体（如建筑物），那么亮部和阴影间的反差将会很大。

侧光的曝光取决于拍摄对象的阴影所占的比例。如果它的主要部分朝向阳光，就可以对它进行正常曝光，这种情况下比较适合矩阵式测光，但在曝光结束后，我们仍然需要在液晶屏上仔细地检查，以免曝光不足或过度。当阴影占据大部分比例时，需要仅对受光部分测光，这种情况下比较适合使用点测光模式或中央重点测光模式，测光后，用曝光锁定设置，再重新构图。如果拍摄对象是一个平面，没有明显的凹凸起伏，并且这个平面朝着相机的方向，中央平均测光将是个不错的选择，这时按侧光值曝光也会产生很好的效果。

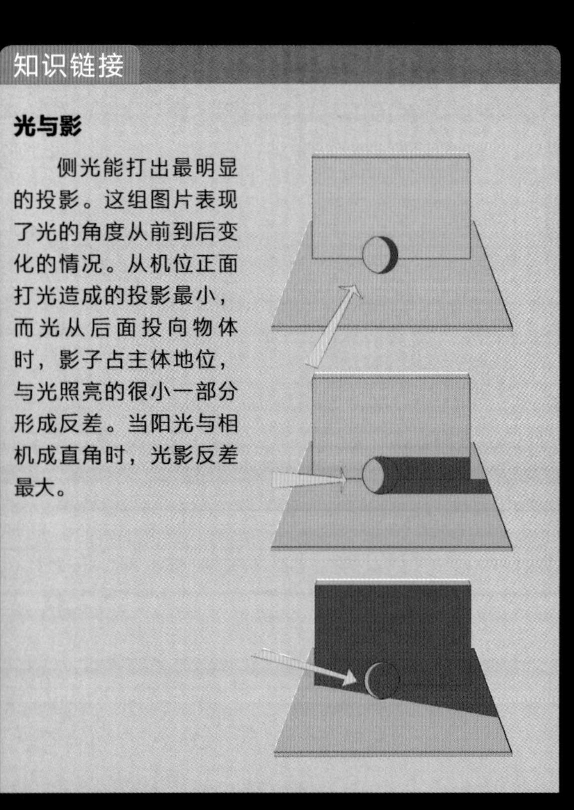

知识链接

光与影

侧光能打出最明显的投影。这组图片表现了光的角度从前到后变化的情况。从机位正面打光造成的投影最小，而光从后面投向物体时，影子占主体地位，与光照亮的很小一部分形成反差。当阳光与相机成直角时，光影反差最大。

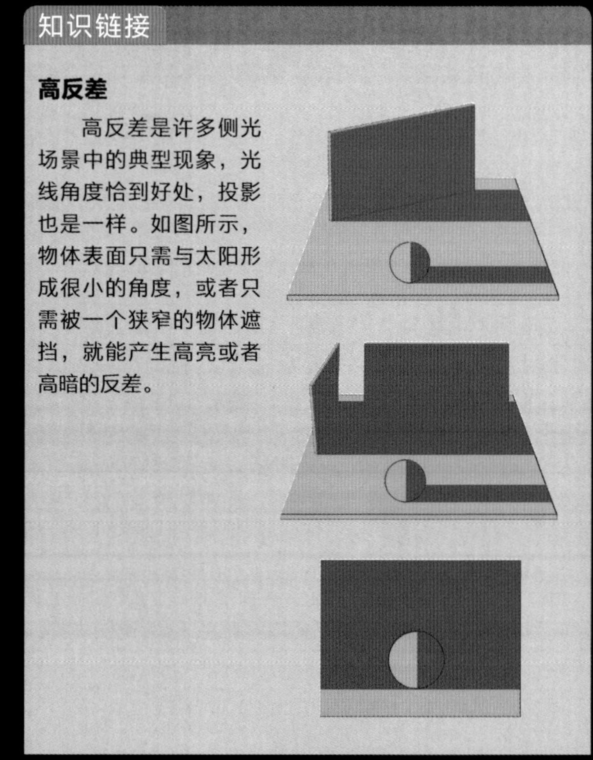

知识链接

高反差

高反差是许多侧光场景中的典型现象，光线角度恰到好处，投影也是一样。如图所示，物体表面只需与太阳形成很小的角度，或者只需被一个狭窄的物体遮挡，就能产生高亮或者高暗的反差。

侧光下的人物

我们都知道，侧光可以表现立体感与画面的轮廓效果。如画面中的美女，在侧光下，高高的鼻梁显得十分挺拔，脸部轮廓也富有立体感。

光圈：F2.5　快门速度：1/2000s
感光度：ISO100　曝光模式：光圈优先

侧光下的树木

利用侧光拍摄风光是非常好的选择，斜斜的侧光可以将景物的影子拉长，给画面带来一种漂亮的光影效果，同时也可以将画面中的色彩很好地表现出来。

光圈：F10　快门速度：1/100s
感光度：ISO100　曝光模式：光圈优先

侧光下的对比

利用侧光，可以制造出强烈的对比效果，如画面晴朗的天空下，由于没有足够的天光与环境光，使得画面中拍摄主体的亮部与阴影之间反差非常大。

光圈：F16　快门速度：1/100s
感光度：ISO100　曝光模式：光圈优先

突显色彩与色调的顺光

完全照射在拍摄对象上的光线不会造成明显的阴影，但会最强烈地反映出物体色彩和色调的不同，并带来最强烈的反光。

我们知道，当太阳处于相机的正后方时就产生了顺光。顺光可以使画面显得有力，而且色彩丰富。与其他光线相比，顺光的变化显得更微妙以及更难预见。在拍摄时，如果相机准确地顺着光线的方向拍摄，在画面中就看不到阴影的存在。我们知道，阴影是塑造物体外形和质感的重要因素，而顺光的特点却是平面化、二维化画面，因此使用顺光拍摄会使得画面显得有些呆板，但庆幸的是顺光可以让画面的色彩更出色。

圆明园中的残门

画面中拍摄的是长春园之夕阳楼景区的大水法前残门，蓝色的天空作为映衬，只需要平和的顺光来展示即可。

光圈：F16　快门速度：1/80s　感光度：ISO50　曝光模式：光圈优先

顺光拍摄人像

这是一张典型的顺光画面，画面中的光影、色彩以及视觉效果都将顺光的特点完全展现了出来。

光圈：F11　快门速度：1/250s　感光度：ISO100　曝光模式：光圈优先

光圈：F11　快门速度：1/125s　感光度：ISO100　曝光模式：光圈优先

有趣的逆光

逆光拍摄的照片在本质上充满戏剧性，令人激动。逆光为拍摄气氛强烈、抽象的照片创造了条件。逆光拍摄的特点是可以产生各种各样的剪影效果，使画面有强大的冲击力。如果偏离太阳照射的方向拍摄，使太阳正好离开画面，能拍到一系列更有趣的照片，物体的质感和表面也能够得到精彩表现。

有四种光线情况被称为逆光，第一种是直接朝向阳光拍摄，第二种是直接朝向阳光的反光方向拍摄，另外两种是偏离光线照射方向拍摄，其中一种为正常拍摄，以水平视角居多，另外一种是安排拍摄对象在暗背景上，仅仅照亮其边缘，从而形成强烈的反差。

如果我们直接朝着阳光拍摄，反差往往会很大，即使能够容忍前景和中景的物体非常暗，但还是会失去影调明暗两端的细节，但这些细节上的缺失并不会破坏画面的整体效果。另外还可以利用其他的方法来改良这种状况，其一是当地平线附近有明亮的云层时，光线就不会变得那么强烈；其二是等到太阳西沉到地平线；其三是使用较深的渐变滤镜，在镜头前调整它的位置，从而使得暗部影调的柔和边缘与地平线相匹配。

树 影

这幅画面最讨巧的部分就是光线将树木拉出长长的投影，给画面带来一种抽象的视觉效果，再配合以水面上漂浮着的金黄色树叶，显得十分美。

光圈：F22　快门速度：0.8s　感光度：ISO50
曝光模式：光圈优先

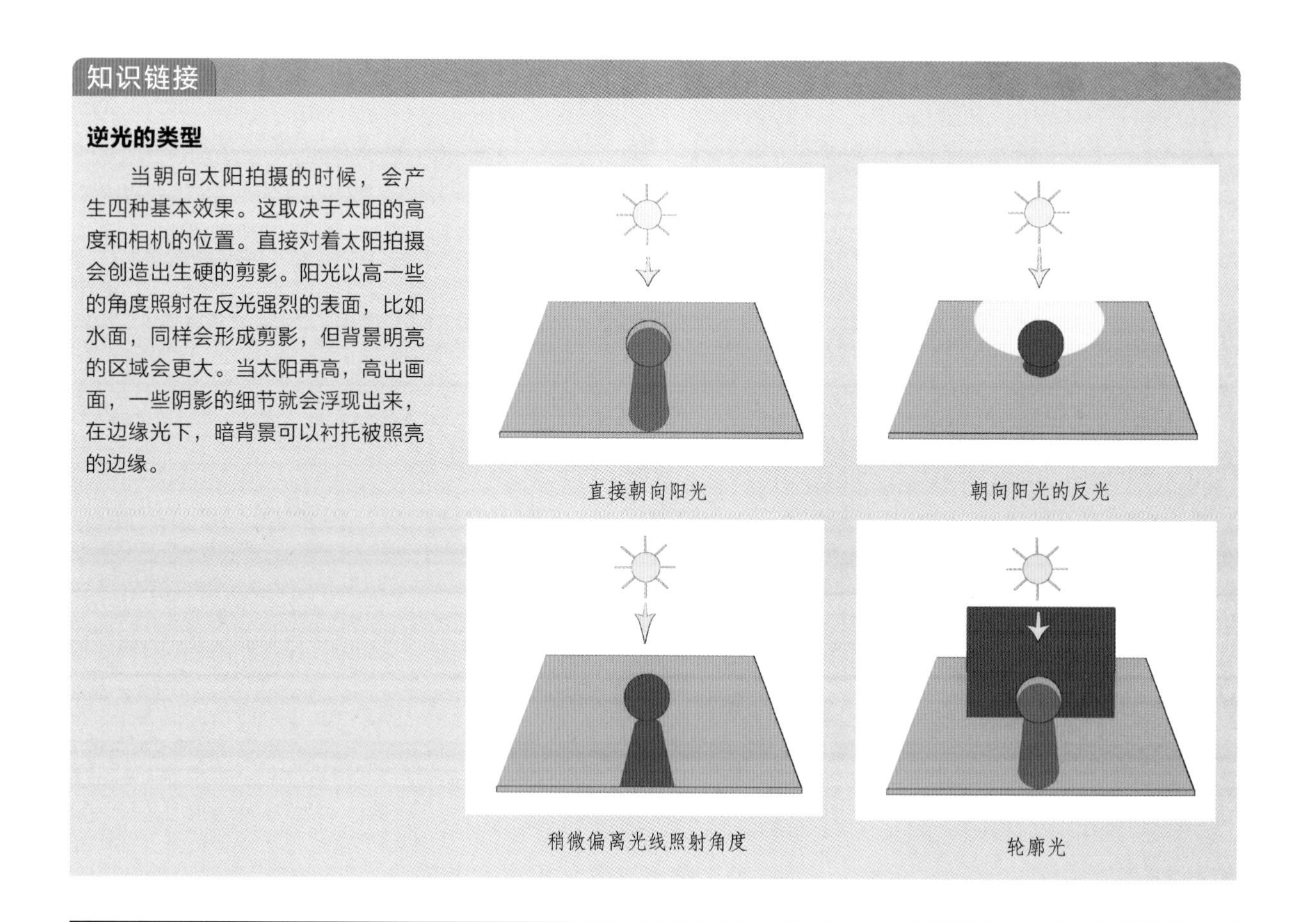

逆光表现一种朦胧的美感

傍晚时分，女孩独自坐在公园的一条小路边，阳光从她身体的后侧照射过来，将女孩的头发勾勒出一个漂亮的光边，而逆光下不可避免的眩光使得画面产生一种朦胧的视觉效果，更为女孩的安然、恬静增添了朦胧感。

光圈：F2.8　快门速度：1/60s　感光度：ISO200　曝光模式：光圈优先

对着太阳拍摄

对着太阳拍摄并不是一种享受，强烈的直射光足以将我们相机内的感光元件毁坏，为了避免这种悲剧发生，我等待太阳被一部分云层遮挡，此时拍摄降低了光线照射的强度。

光圈：F22　快门速度：1/30s　感光度：ISO100　曝光模式：手动

光圈：F22　快门速度：1/3s　感光度：ISO50　曝光模式：光圈优先

漂亮的光影效果

有光便会产生影，没有光也没有影，光与影的变换让画面更具方向感与空间感。在摄影中，光影的变化是依据拍摄对象调整的，即使拍摄环境不可改变，也要根据情况适时调整人为因素，例如拍摄角度与辅助器材。

撒 网

太阳西沉，将天空与水面染成了漂亮的橘色，捕鱼人依然没有停止他一天的劳动，奋力将渔网撒开，以期有一个好的收获。在拍摄时，利用逆光将渔网的线条很好地展现出来，并将人物刻画成剪影，简洁明了的同时还能讲述更多的画面信息。

光圈：F5.6　快门速度：1/400s
感光度：ISO100　曝光模式：光圈优先

树 林

热烈的光线将树木投射出长长的阴影，由远及近，富有线条感。

光圈：F16　快门速度：1/30s
感光度：ISO50　曝光模式：手动

清洁工

画面是一名清洁工在劳动的场景，逆光拍摄使得他的身体看上去像是可以发光一般。

光圈：F3.5　快门速度：1/400s
感光度：ISO100　曝光模式：手动

星 光

夜晚的星空是摄影人不会错过的绝美题材，但单调的星空更需要其他陪衬物的点缀才更有情趣。

光圈：F32　快门速度：100s
感光度：ISO100　曝光模式：手动

逆光中的光与影

画面拍摄的是颐和园内的一条小路，太阳西沉，光线斜斜地落在石板路上，石板路闪耀着古老的光泽，路边的石栏静静伫立着，远处的佛香阁兀自沉默，整个画面左右两边冷暖色调分明，而低角度与广角镜头的运用使画面彰显出大气与恢弘之感。

光圈：F22　快门速度：1/25s　感光度：ISO50　曝光模式：手动

特殊光线下的影像

除了我们平时所见到的光线以外，还有一些光线是容易忽略的或很难接触到的，如月光、星光以及热带地区的光线。

月 光

常识告诉我们，月亮本身不发光，只是反射太阳光，所以月光中既有未发散的直射光，又有柔和的散射光，但是这些光线的亮度很低，如果以中午时的日光与满月的明朗月光相比，日光要比月光亮6万倍。由于月光亮度极低，拍摄月景时需要长时间曝光，但是因为地球在不停地转动，长时间的曝光又会使月亮在画面中移动，而形成一条光带。所以我们拍摄时，最好选择满月的时候进行。

首先设置好拍摄的光圈、快门速度以及感光度。拍摄时，相机的感光度不宜设置太高，否则容易增加画面中的噪点，从而影响画质。三脚架是拍摄中必不可少的工具，因为拍摄时必然需要一定时间的曝光。

另外，因为我们眼睛所看到的月光是比较昏暗的，为了还原这种视觉感受，在月光下拍摄时，要比所测定的曝光值减少1-2挡曝光量。还有一点是我们的视觉在夜间对色彩不敏感，而相机的传感器仍然能正常地记录色彩，为了最终的画面效果，在拍摄时最好考虑降低画面的饱和度或增加画面的蓝色成分。

月 光

月亮的光线要比太阳的光线弱得多，所以其照射范围要小得多，如画面中所示，月亮的光线只能提供周围很小区域的光亮。

光圈：F16　快门速度：1/5s　感光度：ISO200
曝光模式：手动

水上明月

一轮明月高高地悬挂在水面上，水面也因为它的光亮而反射出美丽的光纹，给人一种有别于太阳的优雅、宁静。

光圈：F32　快门速度：3s　感光度：ISO100
曝光模式：光圈优先

拍摄薄云遮月

圆月被薄薄的云层遮挡，但并没有妨碍月亮的光芒，它任性地穿透云层，并把周围的云层染上漂亮的光边。

光圈：F22　快门速度：1/2s　感光度：ISO200　曝光模式：手动

利用二次曝光拍摄明月

这是在香港维多利亚港拍摄的圆月画面，为了更好地表现圆月，在拍摄时选用了二次曝光。

光圈：F22　快门速度：4s　感光度：ISO100　曝光模式：手动

光圈：F22　快门速度：1/2s　感光度：ISO100　曝光模式：手动

夜晚的星光

对于星空拍摄来说，天气与季节都是要着重注意的，好的天时能营造一个绝好的拍摄环境。星空的亮度比较暗，在拍摄时需要长时间曝光，所以利用三脚架和快门线来保证相机完全静止是很重要的。长时间曝光时，要随时注意周遭环境，若有其他光源进入画面，可用黑卡遮挡镜头暂停曝光，但不能遮久，以免星轨遭破坏无法连续。拍摄期间若有流云飘过，也会遮挡住星光而干扰画面，流云太厚或是停留时间太长，影响也就愈大。

拍摄星空时，月亮的圆缺以及明亮度等状况也会影响画面，天空太亮则星光失色，不利于拍摄星空及星轨。反之，月光也有补光的效果，若是不拍星轨，而是拍摄满天星光的话，月光可以起到很好的辅助作用。

转动的星空

由于地球的转动，长时间曝光可以将星空的轨迹记录下来，但在拍摄时需要足够长的时间来完成。

光圈：F32　快门速度：1h
感光度：ISO100　曝光模式：手动

星 轨

在拍摄星轨的时候一般需要对着北极星的方向，因为北极星相对地球是静止的，所有的星星都是围绕北极星转动。

光圈：F32　快门速度：1.5h
感光度：ISO50　曝光模式：手动

独特的星空

在拍摄星空的时候，我们不妨也可以做些其他事情，比如说用灯光将相机前不远处的某个景物打亮，从而充实画面，让画面不显得过于单调。

光圈：F16　快门速度：40min
感光度：ISO100　曝光模式：手动

长长的星轨

长时间的曝光可以得到长长的星轨，但这需要有足够的耐心来等待，在拍摄星轨的时候，不妨纳入一些其他的元素来充实画面，如用灯光提亮前景。

光圈：F32　快门速度：2h
感光度：ISO100　曝光模式：手动

白云下的独特光线

不同种类、不同层次和厚度的云能制造出复杂的、变幻无穷的光线效果。

当云呈现破碎状态或破碎的云层不止一层时，在它和蓝天的共同影响下，光线状况更为复杂，也更难以预料。只要天空中有云，光的强度、性质以及颜色都可能发生变化，尤其是在有风的时候，这种光线的变化更快。

如果你想拍摄特殊效果，你需要事先有明确的想法。遇到有风有云的天气，扩散的云总会让人感到沮丧，因为光线上下不断变化往往会影响到拍摄效果，甚至我们不得不推迟拍摄。但反过来说，破碎的云变化丰富也可以产生某些有趣的甚至是戏剧性的光线效果。不过要想利用这一点，必须要反应迅速，并且熟悉在哪种情况下的光线强度更有利于拍摄。如果我们已经掌握这种光线变化的差别，就可以从一种设置变换到另一种设置，而不必再次使用测光表。尤其是在有几处裂口的浓云下，阳光穿过裂口到达地面停留的时间非常短，这时要想快速地测光是很难实现的。

以云作为拍摄对象

这是一张以浮云为拍摄对象的画面，画面中破碎的鳞状云层在光线的照射下显示出其吸引人的效果。

光圈：F22　快门速度：1/15s　感光度：ISO50
曝光模式：光圈优先

透光云层的光线

厚厚的积雨云遮挡住了太阳，偶尔有一小处裂口，太阳光便肆无忌惮地透过来，这样的场景是非常吸引人的，但又是转瞬即逝的，需要我们精准而快速地测光拍摄。

光圈：F16　快门速度：1/160s　感光度：ISO100　曝光模式：光圈优先

光圈：F11　快门速度：1/200s　感光度：ISO100　曝光模式：光圈优先

热带地区的光线

热带地区的光线对于一般的摄影人来说并不熟悉，也很少接触，但随着摄影的普及以及出国旅游的机会越来越多，能接触到热带地区光线的摄影人也越来越多，在此作者针对热带地区的光线对大家做一个简单的介绍与讲解。

对于热带地区来说，一年中大部分的时间里，中午的太阳几乎都在头顶的正上方，一天中太阳照射时间长，日出日落都很短暂。一天中长达几个小时不存在顺光、背光或侧光，阴影直接处于物体的下方，且非常小。

按照传统拍摄的标准，我们普遍会认为顶光在摄影中是最没有吸引力的光线，但因为它不适宜拍摄而摒弃它就显得太过教条，要知道，这种光线可以在视觉上为我们传递出一种炎热感，让画面更贴近实际中的场景。

人像和风光在刺眼的热带光线中最难拍摄，因为直接暴露在阳光下的人脸会在眼窝下部、鼻子下方和下巴处有明显浓重的阴影，更麻烦的是，眼睛会在很大程度上被阴影遮盖。对于风光照片来说，遇到的困难恰恰与人物照相反，那就是景物间没有阴影，以致拍摄出来的画面外形和质感表现不足，而且透视感比较弱。为了避免以上的情况，我们一般会选择在一天的早、晚两个时间段拍摄，对于人像的拍摄，我们可以在开放的阴影下进行，但是要谨慎设置相关的白平衡。

由于在热带地区，太阳是垂直升起和垂直降落的，所以在日出与日落时我们可以准确地预先判断出它将要到达的位置。不过这种方式的日出和日落过程时间很短。如果你已经习惯在温带拍摄，一定要提前做好充足的准备，以免在拍摄时措手不及，徒留遗憾。

落 日

这是在非洲海边拍摄的日落场景，由画面中浓浓的橘色我们可以很明确地感受到那里所特有的燥热感。

光圈：F22　快门速度：1/600s
感光度：ISO100　曝光模式：光圈优先

海 边

强烈的直射光线照射着地面，空无一人的沙滩与浓烈的光彩，在视觉上为我们传递出一种热带地区所特有的炎热感。

光圈：F16　快门速度：1/1200s　感光度：ISO100　曝光模式：光圈优先

晚 归

太阳即将完成它一天的使命，将最后的光热撒向大地，晚归的大象一家三口点缀着画面，对着天空测光进行拍摄，将大象的外形清晰地勾画出来，使得画面更多了一份暖意、一份温馨。

光圈：F22　快门速度：1/800s　感光度：ISO100
曝光模式：光圈优先

直射光下拍摄非洲女孩

画面中的是一个非洲的小女孩，强烈的直射光在女孩身上留下强烈的高光和浓重的阴影，女孩清澈而羞涩的笑容成为画面最大的亮点。

光圈：F3.5　快门速度：1/4000s　感光度：ISO100
曝光模式：光圈优先

在摄影中，对于光线的运用很重要。曾经有位风光摄影大师在形容光线对于风光摄影的重要性时说：“有时我是在用一生的时间去等待那短暂的几秒钟。”是的，有时候光线只是短短的几秒钟，但我们怎么才能让这短短的几秒成为镜头下的永恒，这就需要我们自己把握了，俗话说得好，机会总是垂青有准备的人。所谓有准备，首先是要清楚自己等待的是什么，心里要有一个蓝图；其次要有技术方面的保障。对于摄影技术娴熟的人，在拍摄特殊光线时，就不会手忙脚乱，从而少留遗憾。

厚厚的积雨云并不能阻挡光线的脚步，哪怕只是一瞬间的精彩，光线也不会忘记表现自己的机会.如画面中所展示的那样，厚厚的云层给人一种风雨欲来前的压抑，一束直射光线斜斜地照射过来，让沉闷的大地获得瞬间的光亮。

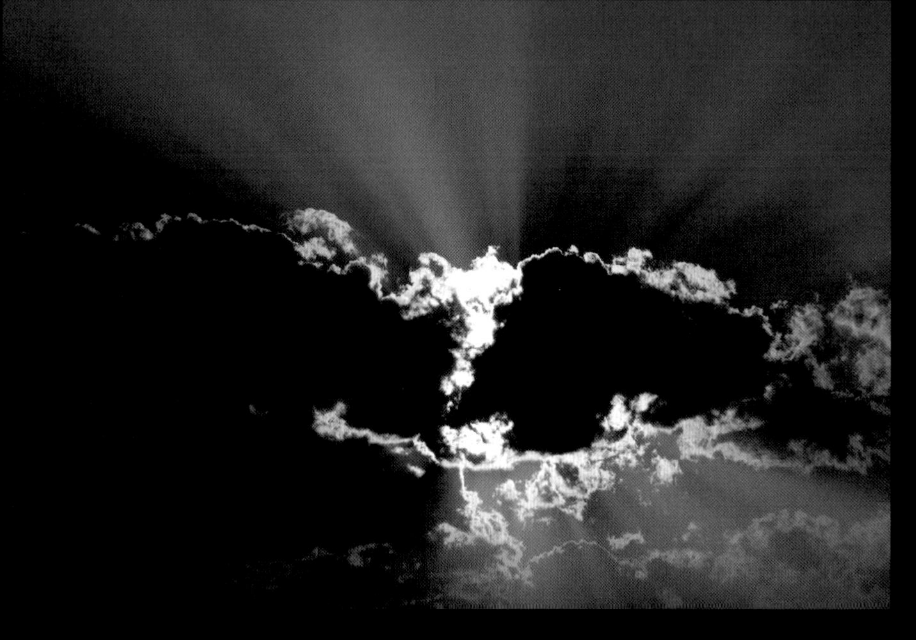

热烈的太阳被一小块云层遮挡，使得原本直射的光线四面散开，形成一条条奇特的放射状光路，当然随着云层的移动，这样的画面马上就会消失。

傍晚时分，阳光在云层的缝隙中洒下这一缕如梦的光亮，为画面增色不少。

特殊环境的光与影

不少摄影爱好者喜欢选择阳光明媚的天气拍摄，认为晴朗的天气光照条件好，容易获得拍摄的成功，但事实并非如此。阴、雨、雾、雪的天气，常常是难得的拍摄时机，这些特殊气候所形成的光线是一般情况下很少遇到的，它们所造成的散射光以及光线气氛往往可以使拍摄对象产生极佳的情调，关键看你如何把握。

暮霭

傍晚时分，太阳将天地间染成一片橘红色，原本看上去平淡无奇的场景也变得不同起来，远处原本平淡的居民楼因为霞光的晕染显现出一种错落的视觉美。

光圈：F25　快门速度：1/50s　感光度：ISO100　曝光模式：光圈优先

弥漫的烟雾

傍晚时分，炊烟四起，给画面带来一种迷蒙的视觉效果。

光圈：F16　快门速度：1/80s　感光度：ISO100
曝光模式：光圈优先

浓雾下的长城

冬日，浓重的雾气下古老的长城若隐若现，给人一种神秘的美感。

光圈：F5.6　快门速度：1/60s　感光度：ISO100
曝光模式：光圈优先

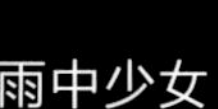

雨中少女

冰冷的雨水并不能阻挡少女的热情，撑着雨伞的少女轻轻地将手伸出去接着空中掉落下来的雨滴，开心与快乐写在她的脸上，下雨是一件快乐的事情。

光圈：F2.8　快门速度：1/100s
感光度：ISO100　曝光模式：光圈优先

多云的阴天

云是天气变化中最常见的，它可以起到扩散和反射阳光的作用，到目前为止，它们是户外摄影中对日光最重要的控制元素，能够创造出光线效果的极大变化。

云可以扩散阳光，柔化景色并减少阴影。它对阳光的扩散和反射依据他们的厚度、面积、高度、排列特点以及各云层之间不同的移动速度而定。云的排列有无限多种，最简单的情况就是云层持续覆盖。如果云层的密度足够，我们将看不见太阳明亮的斑点，找不到太阳的位置，这时的光线是最柔和的，产生的阴影也是最少的。

浓密的多云天气会使景物看起来灰蒙蒙的，有一种单调的感觉，此时的光线差不多来自整个天空。这种光线会减弱物体的立体感与透视感，也使得大范围的景物都显得单调与平淡。

阴天的色彩

阴天的散射光可以使色彩看起来更饱和，如画面中写着铭文的红色石块显得非常吸引人。

光圈：F8　快门速度：1/80s　感光度：ISO50　曝光模式：光圈优先

知识链接

柔和的光线使画面更清晰

薄云遮日的天空适合表现某些特定的物体，特别是那些外形复杂的物体。这种光线的主要特点是清新、简单。所以，这种光线有利于使复杂的物体显得清晰、易于识别。

阴天拍景物

阴天光线下拍摄近处的景物，可以很好展现景物的面貌与特征。阴沉的天气里，那一排排晾挂着的海带真实醒目。

光圈：F11　快门速度：1/30s
感光度：ISO100　曝光模式：光圈优先

阴天光线拍人物

我们不止一次说过，阴天拍摄人物可以将人物的肤质很细腻地展现出来，因此阴天也被公认为拍摄人像的最佳天气。如画面中的女孩，在散射光线下显得柔和、温婉，而绿色的背景也因为散射光的缘故显得非常饱满。

光圈：F2.8　快门速度：1/640s
感光度：ISO400　曝光模式：光圈优先

雨天的光线

雨也许令人感到不舒服。数码相机，由于有复杂的集成电路，需要防水，因此在下雨天摄影师往往不愿意出门拍摄，可恰恰是这种天气也许能提供一系列有趣的拍摄条件，例如潮湿的物体表面和闪电。雨天，由于大部分的积雨云都很厚，导致光线强度特别低，但这种柔和、不产生阴影的包裹式的光线对于还原风光中的真实色彩非常有利，在潮湿的天气里，对绿色的表现会特别出色，这时非常适宜拍摄花园、树林等场景。

想要拍摄雨本身并不容易，由于雨天光线过于暗淡，加上雨滴降落的速度也快，所以我们平时看的图片不是如薄雾就是密密的线条。捕捉真实的雨滴，最好的条件是在黑暗的背景中，并且处于逆光，但这种情况在雨天是很少见到的。其实，表现雨最好的方式是拍摄雨中的某个物体，例如雨点下的植物或汽车的挡风玻璃，这比直接利用光线拍雨更有效。雨和云的共同作用下，光线强度通常会非常弱，所以在拍摄时要比太阳光线下的曝光量低4-5挡。

潮湿的街道

幽暗的路灯照射着雨后湿润的街道，因为雨水的清洗，使得路面的反光要高得多，映衬着灯光的色彩，别有一番风味。

光圈：F3.5　快门速度：1/100s　感光度：ISO400
曝光模式：光圈优先

雨中的情侣

急速掉落的雨滴让这对情侣紧紧地依偎在一起，但由于雨天的光亮和透视度都较低，所以拍摄的画面有一种朦胧感。

光圈：F5.6　快门速度：1/80s　感光度：ISO100
曝光模式：光圈优先

透过车窗拍摄

车窗上密密的雨滴清晰可辨。

光圈：F3.5　快门速度：1/60s　感光度：ISO50
曝光模式：光圈优先

大雨中的行人

瓢泼大雨给人一种压抑、阴沉、烦躁的感觉。在雨中一名行人似乎想要快点回到家中，摆脱雨水带来的不舒服的感觉，因此快速地奔跑起来。

光圈：F3.5　快门速度：1/125s　感光度：ISO400
曝光模式：光圈优先

光圈：F2.8　快门速度：1/125s　感光度：ISO100　曝光模式：光圈优先

雨天另一大特点是闪电频繁。闪电能为风景照增添相当大的感染力，问题在于如何准确预见它出现的时间和位置，并且把它准确地拍摄下来。在实际拍摄中，没有使闪电和快门速度同步的方法，唯一可行的方法就是闪电快要来临时，提前开启快门。闪电的出现也有一定的规律性，一般情况下，闪电会在同一个区域出现数次，每次间隔10-20秒，并且闪电的方向基本相同。拍摄闪电一般在夜晚进行更容易些，因为白天的时候光线要比夜晚强得多，拍摄时往往会导致画面曝光过度。

拍摄闪电

拍摄闪电时，要注意光线问题，由于闪电的光线很强，属于集中性爆发，所以很容易损坏相机的感光元件，在拍摄时，最好把相机的光圈调小。

光圈：F22　快门速度：10s　感光度：ISO50
曝光模式：手动

傍晚长时间曝光拍摄天空的闪电

在傍晚时分拍摄闪电，一方面可以使用长时间曝光将城市的灯火拍摄到画面中，增加画面的美感，另一方面还可以将更多的闪电收纳到画面中，当然前提是需要一款广角镜头，为闪电的表演留下足够的空间。

光圈：F32　快门速度：35s　感光度：ISO100　曝光模式：手动

闪电的出现虽说只是一瞬间，却是那样美丽璀璨，惊心动魄。尤其是摄影爱好者们，更是对它情有独钟，都想留下闪电的美好瞬间。

首先，准备好器材。拍摄闪电对于器材的要求相对较高，要选择一台数码单反相机，一只比较靠谱的脚架，一个遥控器或者快门线。

其次，使用B门模式。一般的数码单反相机都支持B门模式，B门可以让相机的快门保持打开状态，对于捕捉闪电来说，B门是必不可少的。

第三，关于对焦。在拍摄闪电时，所对的目标是一片黑暗，这时需要把镜头从自动对焦转到手动对焦模式。另外请选择一支标准变焦镜头，焦距选择在35-50mm左右，光圈收到F8-F11，最最重要的，手动转动镜头到无限远位置，使镜头处于“超焦距”工作状态，可以保证从很近到无限远的距离都能清晰成像。

第四，关于曝光。小光圈，ISO100，不必要担心照片曝光不足，闪电一瞬间的亮度比我们想象的要高很多。

第五，镜头的使用。使用广角镜头拍摄下闪电的全部路径将会使照片更有感染力。

第六，纳入更多的元素。如果在拍摄时，画面中只包含闪电，照片可能会变得过于单调，这时我们可以为画面加入前景或背景作衬托，例如晚上的街道、海边沙滩、地标性的建筑物等。

第七，白平衡的调整。跟拍摄夜景一样，可以通过调整白平衡为晚上的天空增加色彩，紫色、蓝色等的颜色能为照片增添气氛。

第八，一定要注意人身安全。选择拍摄地点时要远离制高点，不要在树下、金属塔底等拍摄。不要手扶金属三脚架，最好能用红外线遥控器或较长的快门线。选择在避雷设施较好的建筑物内拍摄是最安全的，也可使自己和心爱的相机避免在暴风雨中淋湿。

刺眼的闪电

长长的闪电划过城市的上空。

电光双闪并不罕见，就如画面中所展示的一般，当然我们也可以通过多次曝光或延长曝光时间让画面有更多的闪电划过天空。

拍摄夜晚的闪电时，将夜景也收纳在画面中是最明智的选择。一张只有闪电的画面毕竟显得太过单调。

Chapter 04

巧妙运用现场光

关于现场光

在摄影所使用的各种光源里，除了前一章节所讲到的自然光线外，还包括摄影灯光与现场光。在本节中首先来了解什么是现场光以及现场光的运用。现场光包括很多种，公共场合的照明灯光、商场橱窗、家用灯光、壁炉火光或霓虹灯光，也包括舞台灯光、烛光等。

用好现场光是一个非常大的挑战，因为这些光线本身具有很多不确定因素，可能会在拍摄时产生很多问题，但也很有趣。一般而言，现场光源的光照强度要比太阳光的光照强度低，拍摄时总免不了因为曝光量不足而影响拍摄，为了保证画面质量，利用现场光拍摄时最好准备一个三脚架。

在色温方面，由于现场光源具有多变性，不同的现场光源色温也不相同，数码相机虽然配备了便利的白平衡模式，但仍然需要我们去判断色彩平衡，然后选择适当的白平衡模式，拍摄完成后一定要检查结果，如果不是非常准确，可再次调整，重新拍摄。

现场光有着丰富的真实感和情调，如幽暗的路灯光、温暖的烛光等，容易给观赏者身临其境的感觉，而这种感觉为现场光摄影的纪实感奠定了坚实的基础。在现场光摄影中，由于照明不像太阳光那样充足，但就是这样一种稍有欠缺的效果使照片中的人或物带着富有真实感的冲击力。除此以外，现场光还比较容易烘托现场气氛，淋漓尽致地展现现场的情调，或深沉，或欢快，或冷艳，或热烈。

楼梯口

利用不同的灯光将画面打造成冷暖色混合的感觉，墙壁金色的壁纸与反光将原本荧光灯下清冷的楼梯拐角注入一丝暖意。

光圈：F16　快门速度：2.5s
感光度：ISO100　曝光模式：手动

彩色灯光下的小工艺品

在暖暖的钨丝灯光下，物体原本拥有的色彩都发生了改变，白色变得有些偏黄，而原本的黄色此时显得更饱和。

光圈：F1.2　快门速度：1/160s　感光度：ISO500　曝光模式：光圈优先

广场地灯灯光

一些小型的广场都会设有地灯，地灯一般都是由钨丝灯组成，会散发出淡淡的黄光，既提供了照明，又节省了空间。长时间的曝光让地灯的光尾形成一个个漂亮的小突起，非常漂亮。

光圈：F22　快门速度：6s　感光度：ISO100　曝光模式：光圈优先

哈尔滨的冰灯

冰灯就是由荧光灯和冰雕结合而成，荧光灯可以加上不同的色彩涂层，从而实现不同的光效，我们见到的广告牌多为荧光灯。

光圈：F4　快门速度：1/30s　感光度：ISO400　曝光模式：光圈优先

白炽灯光

尽管房间里的白炽灯光看起来是白色的，但实际上比日光“暖”很多，因而拍摄出来的照片会略微偏向红色或橙色。

白炽灯是室内用光的一种，光线强度比较低，但光色和集光性能好，是使用比较广泛的光源。白炽灯通过灯丝发热来发光，散发出的光线色温偏低，一般为3200K左右，光线微微偏黄，非常适合艺术照明和装饰照明，适合于拍摄静物、室内空间以及人像。小功率的射灯还适用于橱窗展示照明和美术馆陈列照明等，能给观者一种温馨典雅的感受。白炽灯光照到室内装饰物上，可以增强装饰物的质感以及光泽感，以配合整体环境强化画面效果。

通常，白炽灯照明下拍摄的照片显得比较温和，可以用于营造家庭温暖的气氛，如果需要实现色调平衡，利用数码相机上的白平衡设置即可。白炽灯光没有一般闪光灯产生的“舞台”效应，这主要是因为光线密度没有闪光灯大的缘故。

利用白炽灯光拍摄室内人像

白炽灯所散发出来的光线色温偏低，拍摄时如果不使用白平衡来调整，整体会有一种淡淡的暖黄色，给人一种很独特的视觉效果，如画面中所示。

光圈：F13　快门速度：1/60s
感光度：ISO100　曝光模式：手动

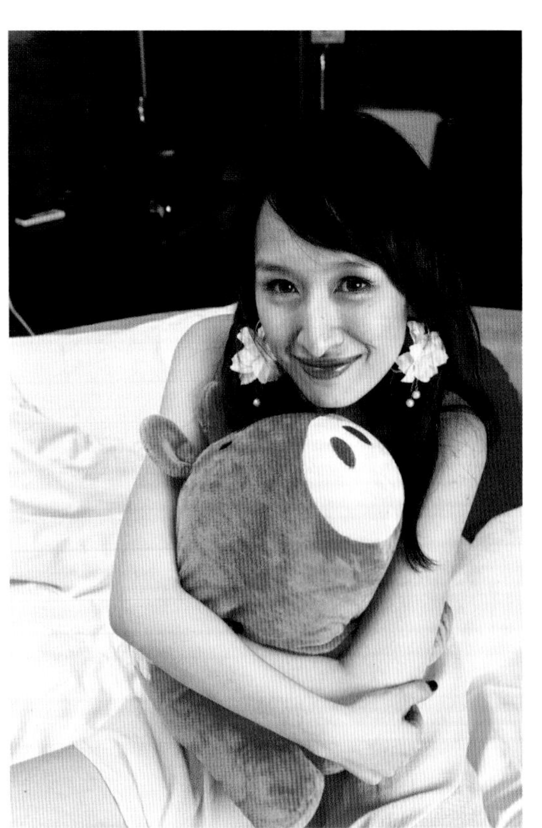

调整白平衡后拍摄

数码相机白平衡模式为拍摄带来了便利，在拍摄时，由于白炽灯的黄色调影响到人物肤色的表现，所以使用了白炽灯白平衡模式来调整画面中偏暖的色调，从而更好地表现人物肤质。

光圈：F11
快门速度：1/160s
感光度：ISO200
曝光模式：光圈优先

温馨的卧室

白炽灯多在卧室中使用，因为这种灯可以发出柔和的黄色调光，可以给居室带来温馨和暖意。

光圈：F8　快门速度：1/15s
感光度：ISO100　曝光模式：光圈优先

钨丝灯光

对钨丝灯所发出的带橘色的光，相机比人眼更敏感，需要进行白平衡矫正。钨丝灯属于白炽灯的一种，也就是它也是通过发热的方式发光。

钨丝灯是室内和舞台最为常见的光源，它和烛光一样都是暖色调光源，不同的是钨丝灯的亮度要比烛光高出很多。钨丝灯是白炽灯的一种，也是通过燃烧来发光的，它的亮度由灯丝发热的程度而决定，也就是我们平时所说的瓦数，所以在使用之前可以通过厂家给出的额定功率对它的亮度、颜色有一个了解。

钨丝灯的色彩范围在橘色和黄色之间，这由钨丝灯的色温来决定。使用室内现场光拍摄时，色温是我们首要考虑的问题。如果你从日光环境下走进一个封闭的、钨丝灯照明的房间，你会立即注意到它的光线有多黄，通常在晚上我们看到钨丝灯的时候，眼睛不需要很长的时间就能适应。在不做矫正的情况下拍摄一个钨丝灯光照明的室内环境，你会发现它呈黄色色调。所以，在钨丝灯环境拍摄时，应注意白平衡模式的设置。在钨丝灯下拍摄时，为了加强反差和锐度，也可以尝试开启闪光灯拍摄。

钨丝灯是一种低色温的光源，若使用日光或阴影白平衡模式即可还原其金黄色调。事实上，有时候不使用相机白平衡矫正，也就是使用“日光”白平衡模式所拍摄出来的那种金黄色调，会给人一种温暖、舒服的视觉效果。

调整白平衡后

调整白平衡后画面色彩虽然得到了很好的还原，但整体氛围缺失。

光圈：F1.2　快门速度：1/200s
感光度：ISO400　曝光模式：光圈优先

未调整白平衡

在室内钨丝灯下拍摄，画面整体有一种暖暖的色调，像加了一层黄色的滤镜，表现出很浓郁的画面氛围。

光圈：F1.2　快门速度：1/125s　感光度：ISO400　曝光模式：光圈优先

室内美女人像

画面以钨丝灯照射为主，钨丝灯光散发的暖黄色色调将女人那种知性美很好地表现出来，若使用白平衡反而冲淡了书房灯光下的感觉。

光圈：F1.4　快门速度：1/250s　感光度：ISO400
曝光模式：手动

老北京糖葫芦

这是在王府井大街的一家小店前拍摄的。晚上的钨丝灯广告牌下的老北京冰糖葫芦因为灯光的原因显得更加诱人，色泽也更明亮、鲜艳，让人食欲大增，禁不住想买一串。

光圈：F2.8　快门速度：1/125s　感光度：ISO800
曝光模式：手动

荧光灯

通常荧光灯的色调偏冷，利用这种灯光可以获得许多带有特殊效果的画面，能让画面主体更突出、更有个性。不同的荧光灯色温也不相同，一般情况下分为三种，即暖色调、中间色调和冷色调。

商场中的灯光

商场中的灯光多为荧光灯，我们看起来是白色的，但拍摄出来的照片则是另外一种情况：下图是在商场外面拍摄的，商场中原本看起来白色的荧光灯变成淡淡的蓝绿色。

光圈：F22　快门速度：4s　感光度：ISO100　曝光模式：光圈优

绝大多数荧光灯都是冷色调光源，不仅如此，荧光灯的光谱常常并不完整，有些色彩难以显示。荧光灯的工作原理是电流穿过密封于涂抹有荧光粉的玻璃管中的蒸汽，这些荧光剂发出不同波长的光，具有散射灯泡的光线效果。眼睛看到的荧光灯的光是白色的，仅仅是有点发冷，但反映在照片上，却有很大的差别。生产厂商的不同，荧光灯的视觉效果也有所不同，有些厂商的灯光在拍摄的时候只有一点轻微蓝绿色，有些则会出现强烈的绿色，还有些则是黄色，但具体是发什么样的光，这要看荧光灯管内壁上荧光质的成分，不同的成分发出不同颜色的光。

大多数公共场合都是使用荧光灯照明，如地铁站、车厢内部、展厅、商场、教室、会议室等。

利用走廊里的荧光灯拍摄

利用荧光灯的色彩感，我们可以营造出特别的效果，如画面中所展示的，有一种恐怖的氛围。

光圈：F5.6　快门速度：1/80s　感光度：ISO200
曝光模式：手动

地铁内拍摄

不同厂家生产的荧光灯所散发出来的色调也不同，地铁中的荧光灯会散发淡淡的冷色调，从而拍摄出来的画面会偏冷色调。等地铁的美女脸上显出微微的青色，神色冷静而有距离感。这正好符合现场的氛围。

光圈：F1.4　快门速度：1/200s　感光度：ISO400　曝光模式：手动

使用白平衡模式拍人像

我们使用了荧光灯白平衡模式，从而使婴儿的肤质得到了还原。

光圈：F13　快门速度：1/125s　感光度：ISO100　曝光模式：手动

未使用白平衡拍摄

画面中拍摄的是一个地铁口，因为没有使用白平衡模式，画面偏冷偏蓝。

使用荧光灯模式拍摄

使用白平衡模式后，相同的场景中的蓝色调得到了很好的改善。

光圈：F2.8　快门速度：1/15s　感光度：ISO100　曝光模式：光圈优先

光圈：F2.5　快门速度：1/60s　感光度：ISO400　曝光模式：光圈优先

气光灯

气光灯也称蒸汽放电灯，这种灯在实际运用中越来越普及，正逐渐取代荧光灯和钨丝灯。气光灯在功率上比上述两种灯都强，它适合大型空间的照明，如大型的体育场馆、篮球场、施工工地等一般都使用气光灯照明。

对于摄影来说，气光灯并不适宜摄影，肉眼看气光灯发出的是白光，但是在照片中，则会产生强烈的色彩偏向。更糟糕的是，气光灯不够稳定，不容易预先判断其画面效果。所以在拍摄时只能依据数码相机的自动白平衡功能与数码后期的相互协调来矫正这种色彩偏向。

气光灯有三种最重要的类型：钠灯，它们的光线在照片里都显示为黄色，是典型的街道照明、建筑泛光照明的灯光；汞气灯，看上去呈冷白色，表现在照片里则是绿色和蓝绿色之间，多种场合使用；多种气体混合灯，灯光也呈冷白色，使用色彩平衡可以很好地还原画面色彩，常用于体育馆照明。

汞气灯刚开启尚未达到完全照明强度时，它的光是偏绿色的，原因是汞气灯发出的光峰值只集中在光谱上的很小范围里。

“鸟巢” 一角

因为气光灯的照射强度要比一般的灯光强，所以多用于大型公共场所的照明，如我们最常见的体育馆、露天广场等，画面中拍摄的是“鸟巢”的一角，从“鸟巢”中散发出来的光就是气光灯的光线。

光圈：F8　快门速度：25s　感光度：ISO100　曝光模式：光圈优先

游泳馆内的人像

大型游泳馆内的灯光也是气光灯，拍摄时，气光灯足够的光线亮度让我们不必提高感光度来拍摄。

光圈：F1.6　快门速度：1/30s
感光度：ISO200　曝光模式：光圈优先

街　灯

街灯属于气光灯的一种，是较常见到的气光灯。

光圈：F2.8　快门速度：1/100s
感光度：ISO100　曝光模式：光圈优先

气光灯下的小景

这是公园的一个小角，利用了街灯的照明，我们看到画面呈现出暖暖的黄色，且阴影较重。

光圈：F1.2　快门速度：0.6s
感光度：ISO100　曝光模式：光圈优先

广告牌灯光

拍摄发光的广告牌时更需要精准的曝光，以保留其色彩和形状。要知道曝光不足会产生更丰富的色彩，把灯管再现为细细的线条，对广告牌周围的环境则几乎不显示；当曝光时间长一些时，广告牌看上去更厚实，但也会使色彩显得苍白。

炫目的招牌灯光

强烈的招牌灯光的光线成为这个画面中最主要的照明光源，也成为画面中醒目的点缀，再加上大型的广告画面与川流不息的行人，共同展示着这个城市的繁华。

光圈：F16　快门速度：1/3s　感光度：ISO200　曝光模式：光圈优先

尽管广告牌使用的是荧光灯，但是它们发出的各种颜色压倒了荧光灯原本偏绿的特有色调，所以在拍摄时白平衡不需要非常精确。大多数广告招牌的光线强度强于街道照明的光线强度，为了缓和这种光线强度的差异，最简单的办法是退到街道的另一头或更远，使用长焦镜头拍摄。拍摄时，最好把白平衡设置在荧光灯上，再观察液晶屏显示出来的画面效果比较现场的差别，适当调整白平衡。另外，最好多拍摄几张曝光不同的照片，这样更有助于准确把握曝光量，至于什么样的曝光是最佳的，视个人喜好而定。如果我们使用了三脚架，就不需要增加感光度，在任何情况下，你都要保持快门速度低于1/30秒，这样可以有效地回避荧光灯有规律的闪动。

王府井大街

这是在王府井大街拍摄的画面，一条条竖立的广告牌提示行人店面的经营项目与种类，同时也装扮着夜色。

光圈：F2.8
快门速度：1/20s
感光度：ISO200
曝光模式：光圈优先

日本街头

这是夜晚的日本街头，繁杂的广告牌成为了画面中最主要的光源。

光圈：F11　快门速度：1/30s　感光度：ISO400
曝光模式：光圈优先

霓虹灯下的车流

这是英国的一条街道，漂亮的霓虹灯配合着等红灯的车辆，低角度拍摄更让画面显示着傲气。

光圈：F8　快门速度：1/30s　感光度：ISO800
曝光模式：光圈优先

绚烂的烟花

烟花是节日中最吸引人的景观之一，看着夜空中迸发出来的五彩缤纷的烟花，总会有一种喜悦和轻松的心情。其实拍摄烟花比很多人想象的要容易许多。

烟花就像闪电，会创造它们自己的曝光。拍摄烟花时，如果不考虑光线强度的话，最好选择较低的快门速度拍摄，因为一颗爆炸的烟花效果是通过光线拉出的线条表现的，眼睛的感受也是一样，所以短时间曝光不够展示烟花的形状。反过来说，假如天空足够黑，快门长时间开启并不会导致曝光过度，反而可以多拍下几颗烟花。

考虑到烟花散开后的形状，一般以1/2秒快门速度可拍到火花放射性长线条，1/4秒则成短线条，1/8秒便成为点状了，所以在拍摄时应根据烟花的特点和画面需要控制快门速度。在感光度方面，没有必要切换到更高的感光度，使用ISO100-ISO200就可以，在光圈的使用方面F4-F5.6即可。

拍摄烟花最重要的事就是把相机固定在什么东西上，以保证拍摄期间不会晃动，因为拍摄中需要长时间曝光，对稳定的要求更高。保证相机稳定最佳的方法就是使用三脚架。如果没有条件，也可以把相机放在现场一些坚固的平台上，比如邮筒、石台等。

另外，还可以采用二次曝光的方法来拍摄烟花，也就是把地面的景物和空中的烟花分成两次拍摄在同一张底片上。第一次曝光时，先把地面景物或人物按灯光亮度进行曝光，拍摄在底片的下半部分，然后在烟花形状最美的瞬间进行第二次曝光，将它拍摄在底片的上半部分。第二次拍摄后如嫌画面中的烟花太少，还可以等待第三次、第四次曝光，但要注意不能使烟花互相重叠，以免画面混乱。

展现单个烟花

烟花转瞬即逝，拍摄时需要及时按下快门来捕捉这个精彩的瞬间，画面中是单个烟花，所以不需要过多的时间来曝光。

光圈：F32　快门速度：1.3s
感光度：ISO800　曝光模式：手动

拍摄多个烟花

要拍摄多个漂亮的烟花，可以增加曝光时间，选用长时间的曝光，将灯火下的建筑也收纳到画面中，使得画面看起来更绚丽多彩。

光圈：F22　快门速度：25s　感光度：ISO50　曝光模式：手动

用烟花做光绘

除了观赏的烟花外，还有一种小型的烟花是可以拿在手里转动玩耍的，所以我们也可以利用这种烟花来进行光绘，如画面中利用点燃的烟花画出一个漂亮的心形图案。

光圈：F22　快门速度：15s
感光度：ISO100　曝光模式：手动

将人物融入到画面中

单独的烟花未免有些单调，在拍摄的时候可以融入更多的画面元素，比如说看烟花的人。画面中就是将水边的一对看烟花的情侣的剪影拍摄进来。

光圈：F11　快门速度：5s
感光度：ISO400　曝光模式：手动

拍摄地面绽放的烟花

烟花的种类繁多，除了天空中绽放的不同类型的烟花外，还有在地面绽放的烟花，如画面中所看到的，漂亮的烟花与霓虹灯结合，共同映照水面，给人一种极致的美感。

光圈：F16　快门速度：15s
感光度：ISO50　曝光模式：手动

温柔的烛光

烛光的色温在所有光线中是最低的，只有1500K左右，但却拥有丰富的吸引人的金黄色光效。

一支蜡烛会发出明亮的高光和深深的影子，但是一堆蜡烛在一起就会产生一种独特的柔和光芒。烛光特别吸引人的地方在于它周围有一圈光亮，在光源本身和深深的阴影之间有一块由亮到暗小范围的光亮区域。

拍摄烛光，最大的困难在于得到足够的光线。当然，对于现在的数码相机而言，提高感光度就可以解决这个问题，可高感光度会带来噪点，所以最好用三脚架来支撑相机的长时间曝光，如果没有三脚架，使用一些临时的支撑物也可以。

另外，拍摄烛光时绝对不能使用闪光灯，因为拍摄烛光时一般距离都很近，闪光灯发出的瞬间强光会使燃烧的蜡烛失去原有的颜色和氛围。而在测光方面最好使用点测光的方式，这样可以获得比较准确的曝光值，有时还要根据当时的明亮程度适当减一两挡曝光，故意欠曝一点，才能使蜡烛的火焰呈现美丽的金黄色。

单纯的烛光照明

这幅画面拍摄的是单纯的烛光照明，漂亮的烛火带来低色温的暖色调画面视觉效果，红色的蜡烛与周围的环境相互融合，让画面看起来自然惬意。

光圈：F2.8　快门速度：1/30s　感光度：ISO800
曝光模式：光圈优先

混合光下拍摄烛光

这幅画面是在混合光下拍摄点燃烛火的场景，但画面的主要光源并不是烛光，而是昏暗的室内自然光线，从而使得拍摄出来的画面出现两个色调：一个是以烛光照射为主的小面积区域，呈现出暖黄色区域；另外一个就是以环境光照射为主的区域，呈现出淡淡的清冷色调。

光圈：F3.5　快门速度：1/80s　感光度：ISO400
曝光模式：光圈优先

烛光下的女孩

画面整体以烛光照射为主光，暖暖的烛光映衬着女孩安静的面庞，由于烛光的照射区域极小，除了女孩的脸部和烛光本身以外都处于黑暗中，从而也更突出了亮部区域。

光圈：F2.8　快门速度：1/30s　感光度：ISO800　曝光模式：手动

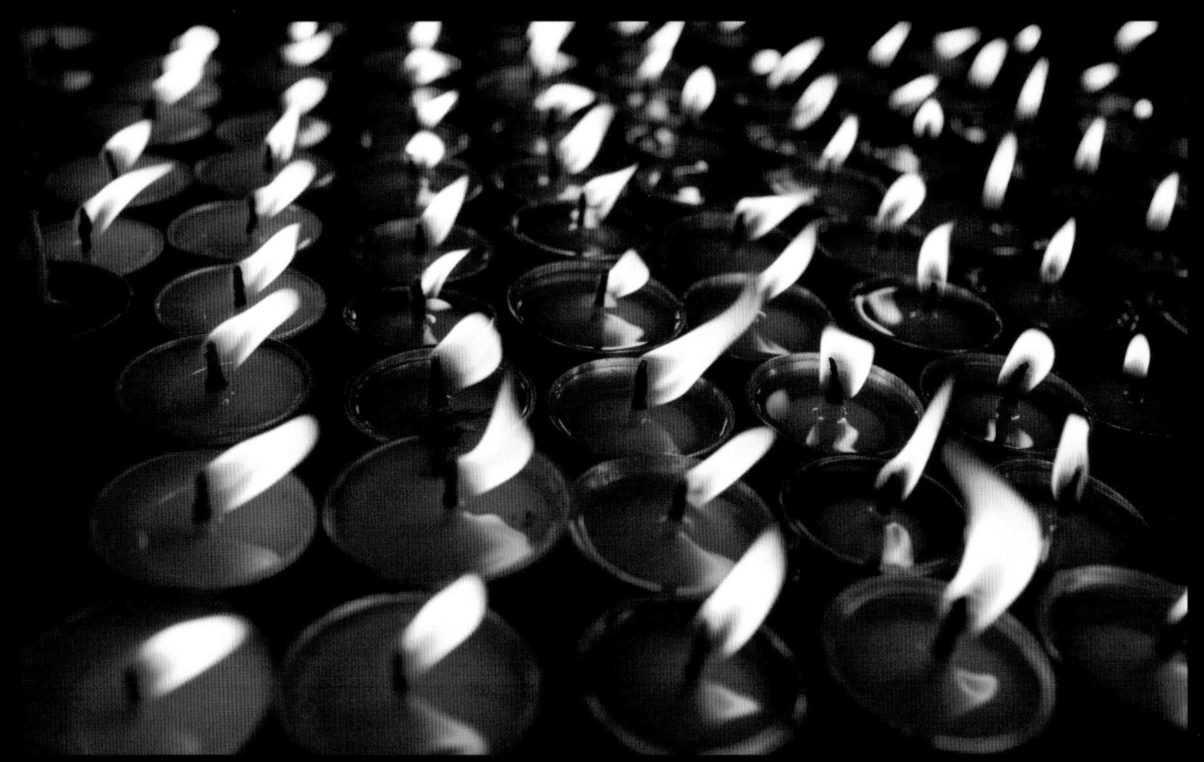

燃烧的烛火

燃烧的烛火是拍摄对象，如同炫舞的精灵，轻轻摇曳，点亮人们的心灵。

光圈：F3.5　快门速度：1/30s　感光度：ISO400　曝光模式：光圈优先

火 光

火光是最变化无常的光线。只要轻微地摇曳，火光就会从密度到色温都发生改变。

风中的火焰色温比发光的火堆余烬略微高一些。由于长时间的曝光，这些摇曳的火焰集为一体，变成精巧、散开的光线，在这种光线下拍人像会显得真实生动，因为火光的特殊用途就是暗示一种亲密。需要注意的是如果在火光下拍摄肖像，主体后面的光线会很快消失于黑暗中，这是平方反比规律的实际应用。

火光对夜景摄影除了起光源作用外，还有另一种作用，即又是画面的组成部分。如果一张表现夜间景物的照片，画面上没有火光出现，仅有火光照射下的物体，会使夜间的气氛减弱，画面失去其真实感。

利用火光拍摄时，还是将感光度适当调高一些，以防拍到火光以外的东西。低速快门可以拍出火光变成光带流动的感觉，而高速快门可以拍出清晰的人像。

匠 人

这幅画面拍摄的是一个陶瓦匠人在烧制陶器。灶炉内燃烧的火光映红了匠人的脸部，使处于阴影处的脸部轮廓清晰，火光的暖色更使现场感非常真切。

光圈：F2.8　快门速度：1/25s
感光度：ISO1600　曝光模式：光圈优先

火 光

通红的火光映衬着火堆旁边坐着的父女，因拍照的缘故，他们的目光都投向了我。这是尼泊尔边境很普通的一个夜晚，大家坐在团蒲上围着火堆，喝着茶水，聊着天，一个夜晚就这样不经意地过去了。

光圈：F2.8　快门速度：1/40s　感光度：ISO1600
曝光模式：光圈优先

火 焰

画面的光线主要来自于天空，有一种淡淡的清冷，而燃烧的火焰给画面带来了暖意。

光圈：F5.6　快门速度：1/100s　感光度：ISO50
曝光模式：光圈优先

实战演练

拍摄流动的车灯轨迹

许多人喜欢拍摄夜晚车灯流动的效果，其实这很简单。拍摄车灯轨迹，最好在天完全黑下来后，这样可以延长曝光时间，形成长长的光“线”。

拍摄位置方面，最好选择较高的位置，如公路的上方、天桥都可以，俯视角度比较好拍，也容易形成紧凑的构图。在环境选择方面，不要太亮，这样可以突出车灯的光线。

另外，一台带有M挡的相机与稳定的三脚架必不可少，除非我们旁边有稳定的支撑物。拍的时候，感光度最好调到100，从而延长曝光时间，在光圈方面，最好选用小光圈以保证画面的清晰度。

长时间的曝光让画面留下漂亮的车灯轨迹，而小光圈的运用与雨水的点缀更给画面带来一种迷离的视觉效果。

夜幕下的城市陷入幽深的清冷中，而交错的道路上依然灯火辉煌。整个画面以暮色下的冷色调为背景，以十字形交错的立交桥为拍摄主体，长长的车灯轨迹让画面不再单调，使得整个画面更具有现代感。

这幅画面是在中央电视台大楼附近的一条街道上拍摄的，以富有造型感的大楼为背景，记录着街道上川流不息的车辆，一动一静，相互衬托。

这是在日本街头拍摄的画面，以远处的东京铁塔为视觉的汇集点，记录街道上过往的车流。由于拍摄时的曝光时间较短，我们并没有把车灯拍摄出长长的线条，而是创造出一种动感的虚幻来。

车灯的轨迹可以随着道路的变化而变化，在画面中可看到，一处S形的山路随着夜晚车辆的驶过，呈现出漂亮的光影效果。

Chapter 05

摄影专用灯光

摄影专用灯光——闪光灯简介

摄影师总是在追求完美的光线，拍摄现场的可用光质量往往不尽如人意，闪光灯的出现，让我们不再为光线不足而苦恼。拍摄时，可利用闪光灯来加强甚至覆盖现场的可用光。闪光灯是摄影专用灯光，它是专门配合相机使用，是为拍摄某些特定物体而设计的。

随着专业闪光灯制造商不断改进他们的产品，闪光灯能处理越来越复杂的特别场景。摄影正在见证着这种潜移默化的甚至是颠覆性的变化。

不同的闪光灯具有不同的性能与功用，如内置机顶闪光灯非常方便，可以让我们随时随地拍摄；外置闪光灯指数可以达到30多到50多，是一种标准的万用闪光灯，但当我们用它来布置细致的且富有感染力的场景光线时，会有许多不足之处；影室闪光灯一般不论指数，是论功率的，使用时，不仅仅只用一盏，有时候三盏到四盏一同使用，还会在灯头加柔光箱或遮光罩，所以灯光最终到达拍摄对象时功率会降低不少；外接的环形闪光灯是拍摄微距的利器。

影　棚

专业影棚需要多盏影室灯配合使用，不同的灯光有不同的功用，相互协调与配合最终使得拍摄的画面臻于完美。

影室闪光灯

右图展示的是不同类型的摄影灯罩，以及大功率的充电箱。从灯罩的外形可以看出，它们形状各异，大小不一，因而散出的光线也各不相同。

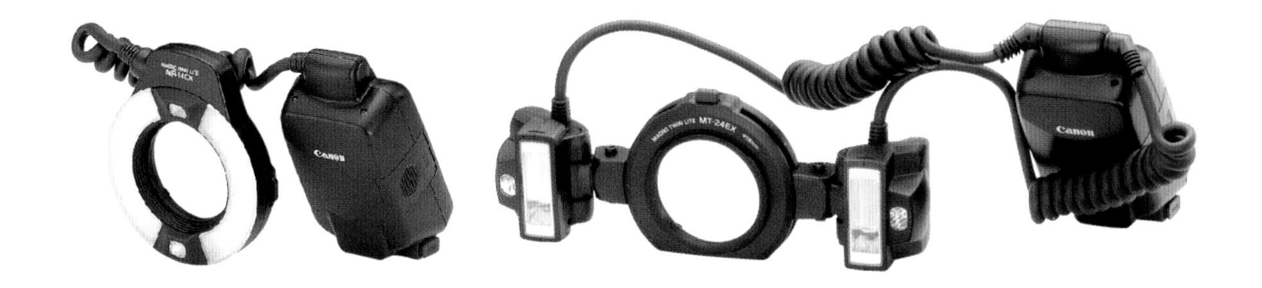

微距环形闪光灯

机顶外接闪光灯

外拍闪光灯

影室闪光灯及配件

关于闪光灯

闪光灯的英文名为Flash Light，中文全称为电子闪光灯，又称高速闪光灯，也是加强曝光量的方式之一，尤其在昏暗的地方，打闪光灯有助于让景物更明亮。电子闪光灯的工作原理是通过电容器存储高压电，脉冲触发使闪光管放电，完成瞬间闪光。通常其色温约为5500K，接近于白天阳光下的色温，而其发光性质属于冷光型，比较适合拍摄怕热的物体。

闪光灯在使用时也会出现弊端，例如在拍人物时，闪光灯的光线可能会在眼睛的瞳孔发生残留的现象，进而使得拍摄的画面出现所谓的“红眼”现象。为了避免这种状况出现，许多生产商都将“消除红眼”这项功能加入设计行列，在闪光灯开启前先打出微弱的光让瞳孔适应，然后再执行真正的闪光，以避免红眼发生。

中低档数码相机一般都具备三种闪光灯模式，即自动闪光、消除红眼与关闭闪光灯。高档一点的数码相机还提供“强制闪光”甚至“慢速闪光”的功能。

利用影室闪光灯拍人像

影室闪光灯是影棚中必不可少的工具，利用影室闪光灯拍摄人物可以得到非常好的画面效果。如画面中的美女，在灯光的照射下，皮肤显得细腻而白皙，如花的笑靥更给人一股青春的气息。

光圈：F9　快门速度：1/125s
感光度：ISO100　曝光模式：手动

红眼现象

夜晚使用闪光灯拍摄时，如果不及时将相机设置为消除红眼模式，则很容易出现此种情况。

光圈：F4　快门速度：1/125s　感光度：ISO100
曝光模式：手动

夜色中的美女

使用消除红眼模式后，再次进行拍摄，画面中的女孩眼睛闪亮，非常吸引观者的目光。

光圈：F3.5　快门速度：1/100s　感光度：ISO100
曝光模式：手动

利用闪光灯拍摄花卉

利用闪光灯拍摄花卉，可以将花卉的细节很好地表现出来，另外还可以单独提亮花朵，压暗花朵后面的背景，突出花朵的形状。

光圈：F5　快门速度：1/200s　感光度：ISO200　曝光模式：光圈优先

闪光指数

电子闪光灯的闪光指数有两个含义，一方面表示闪光灯输出功率的大小，指数越高，输出功率便越大；另一方面表示用手动闪灯模式时，用来计算拍摄所需的光圈大小，计算公式为：闪光指数÷闪光距离=镜头光圈值。

举例来说，假设感光度是ISO100，闪光指数是GN42，闪光灯与拍摄对象的距离是5米，那么拍摄时所用的光圈便大约等于F8（42/5）了。

闪光指数对照表

闪光输出量（ECPS）/ 闪光指数（GN）/ 感光度（ISO）	350	500	700	1000	1400	2000	2800	4000	5600	8000
50	9	10	12	15	18	21	25	30	36	42
100	12	15	18	21	25	30	36	42	51	60
125	13	16	19	24	28	33	39	48	57	66
160	16	19	22	27	33	39	45	54	63	75
200	18	21	25	30	36	42	51	60	72	84
400	25	30	36	42	51	60	72	84	102	120
1000	39	48	57	66	78	96	104	135	159	189
1600	51	60	72	84	102	120	144	168	201	240

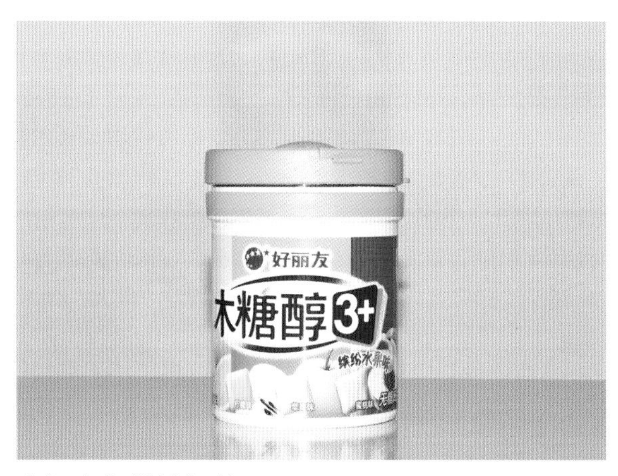

高闪光指数拍摄的画面

在拍摄距离与感光度一定的情况下使用闪光灯拍摄，由图中我们可以看到，光圈越小拍摄出来的画面越亮，也就是说闪光指数越高。

光圈：F16 快门速度：1/125s 感光度：ISO100
曝光模式：手动

低闪光指数拍摄的画面

与左图相同距离与感光度的情况下使用闪光灯拍摄，由图中我们可以看到，光圈越大拍摄出来的画面越暗，也就是说闪光指数越低。

光圈：F2.8 快门速度：1/125s 感光度：ISO100
曝光模式：手动

由于闪光灯的闪光时间很短，此时快门设置就不太重要了，设置成为安全快门（也就是此时镜头焦距的倒数）就可以了。平时使用闪光灯拍摄，闪光灯直接对着拍摄对象，这样很容易造成阴影，而利用跳闪（反射式闪光）可以很好地解决这个问题。

如果经常要用到跳闪来拍照，那么就需要强力的闪光灯，不妨购买GN值40（米制）或130（英尺制）左右的闪光灯。

反射式闪光拍人物

利用反射式闪光拍摄人物，画面光线自然、柔和，完全没有闪光灯带来的那种强烈的光线效果，这种拍摄方法非常适合室内人像。

光圈：F3.5　快门速度：1/100s
感光度：ISO100　曝光模式：光圈优先

知识链接

测定闪光指数：

各种电子闪光灯在出厂时，生产厂家均附有使用说明书，其中有厂家所推荐的闪光指数。有些厂家推荐的闪光指数往往偏高，因此摄影者在初次使用一台新的闪光灯时，最好以厂家推荐的闪光指数作为参考数据，通过实际拍摄试验，测定出一个准确的闪光指数。

试验方法如下：

在光线较暗的环境中，将闪光灯对着拍摄对象，用同一照明距离以不同的光圈系数拍摄多张画面；或者用同一级光圈以下不同的照明距离拍摄多张画面。在拍摄完成后，选择曝光正确的照片，并应用闪光指数的公式，将这张照片拍摄时的照明距离乘以所用光圈值，即可求得所用闪光灯准确的闪光指数。

机顶闪光灯

有相当一部分数码相机的机顶闪光灯是机身内置的，有些则可以在数码相机的热靴上装卸。无论是相机机身内置的还是通过热靴与相机连接的闪光灯，是在没有任何有效光线的时候方便拍摄用的。同时可作为现场光线的补充用光，而不是取代它，机顶闪光灯可以创造出有趣甚至是细腻的效果。在摄影专用的灯光里选用机顶闪光灯，主要考虑到的是它的便捷性，在使用中，认识它的局限性非常重要。

使用机顶闪光灯照明物体，一般的情况下所发射出来的光线都是顺光，这种光线几乎没有阴影，并且光线的强度按照拍摄对象离相机的距离成倍减弱。

夜晚使用机顶闪光灯拍摄人物

夜晚由于光线较暗，自然光线很难满足手持拍摄，这时可以使用机顶闪光灯对人物补光。

光圈：F2.2　快门速度：1/60s　感光度：ISO200
曝光模式：光圈优先

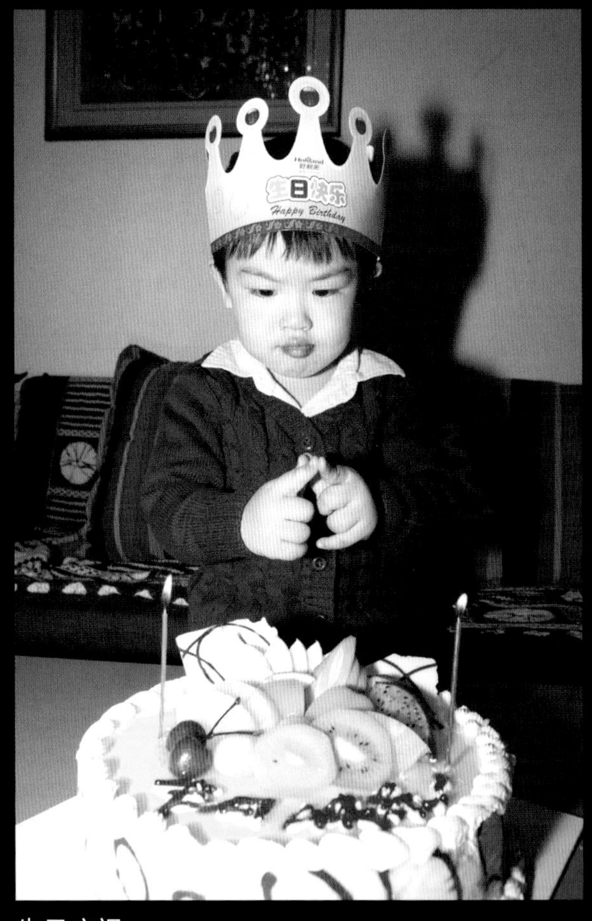

生日庆祝

这是一个过生日的小男孩，因为在家中，光线不足，需要结合闪光灯的光线来照亮，同时也在男孩身后留下浓重的阴影。

光圈：F11　快门速度：1/125s　感光度：ISO800
曝光模式：手动

内置闪光灯

中低端数码单反相机与家用型卡片相机都具有内置闪光灯，如Nikon D7100、Nikon D90、Canon 650D、Sony NEX-7等，但根据相机的不同，其相应的闪光指数也有所不同，中低端数码单反相机的闪光指数约为12。而一些顶级的数码单反相机中则没有内置闪光灯，例如Canon 5D Mark III、Nikon D4等。

使用内置闪光灯拍摄花草

使用内置闪光灯拍摄的花朵，花朵受到的闪光照射非常强烈，同时产生很浓重的阴影。

光圈：F9　快门速度：1/125s　感光度：ISO200
曝光模式：手动

使用内置闪光灯拍摄家庭合影

在光线不足的情况下，使用内置闪光灯协助拍摄，人物面部显现出不自然的光线。但因为室内光线过暗而无法拍摄或强制性提高感光度拍摄又使得画面有严重噪点来说，这样的结果要好得多。

光圈：F11　快门速度：1/125s　感光度：ISO800　曝光模式：手动

热靴式闪光灯

热靴闪光灯是机顶闪光灯的一种形式，它是相机生产商为其相机产品专门定制的闪光灯。这类闪光灯的特点一是闪光指数高，通常在18-56之间，可以适用于更多的场景拍摄；二是使用上更加灵活，操作性比较强。

热靴式闪光灯通常通过相机的热靴或专用闪光插座接入，如果相机没有热靴则可以通过闪光同步接口接入。另外，在操作方面热靴式闪光灯相比相机内置闪光灯的灵活度更高一些，不但可以控制闪光量的输出，还可以改变闪光灯的方向，甚至一些高级的热靴式闪光灯还可以离机无线遥控操作。

热靴式闪光灯

热靴式闪光灯灵活度相对高一些，在实际运用中可以进行一定角度的旋转，这样更便于我们进行不同方向的补光，如对着天花板、墙壁等进行反射式闪光。

离机遥控拍摄

离机遥控拍摄可以更好地调整光线，从而与自然光相互融合，让拍摄对象接收到更自然的光线。

光圈：F6.3
快门速度：1/100s
感光度：ISO200
曝光模式：手动

影室闪光灯

影室闪光灯又称为大型闪光灯或闪光灯，这类闪光灯多数使用的电源为交流电源，这点区别于其他类型的闪光灯。影室闪光灯可以很好地为画面带来自然的光线效果。影室闪光灯具有较大的输出功率，它输出的光线可以用各种方式漫射、反射，照射到拍摄对象之后的光线仍然能保持足够的亮度。

拍摄可爱的玩具

利用影室闪光灯拍摄毛绒玩具，白色的背景衬托着毛绒玩具鲜艳饱和的色泽，而柔和的光效使毛绒玩具看起来仿佛活着一般。

光圈：F4　快门速度：1/125s　感光度：ISO100　曝光模式：手动

影室闪光灯的运用

使用影室闪光灯的初衷是为满足曝光需要，但不仅仅是为满足曝光需要。摄影是光与影的艺术，闪光灯除了可以满足曝光需要外，还有很多重要作用。

首先，影室闪光灯作为移动灵活且功能强大的人造光源，是拍摄人物造型的重要工具。影楼拍摄时往往需要用两到三只闪光灯来完成对人物的用光与造型，并且以不同的灯位或距离搭配形成的亮度变化来塑造拍摄对象的立体感。在户外拍摄时，如果光线不足，也可借助闪光同步器使一个或多个闪光灯做多方位的照射。

利用影室闪光灯拍摄美女人像

在影棚中，没有自然光的情况下，影室闪光灯是最主要的光源，利用影室闪光灯我们可以拍摄出想要的画面效果，如画面中利用影室闪光灯拍摄的高调效果。

光圈：F8　快门速度：1/60s
感光度：ISO100　曝光模式：手动

特殊类型的闪光灯

在闪光灯类型中，除了上述的两种主要类型外，还有一些为专门用途而设计的闪光灯，如用于近摄或微距摄影的环形闪光灯以及用于水下拍摄的水下闪光灯。

环形闪光灯

环形闪光灯主要用于近摄或微距摄影，也广泛应用于医学摄影，但在本节中着重讲它在近摄和微距方面的功用。环形闪光灯的灯管是呈环形包围在镜头前端的，它的主控单元可插在机身的热靴上，与灯头通过连接线相连。环形闪光管除可闪光外，有的还装有若干用于观察用光效果的效果灯，可在拍摄前点亮观察闪光照明的效果。环形闪光灯的闪光指数通常只有GN10左右，功率虽小，但它的最大特点是能产生无影照明效果，光照也十分均匀。

索尼HVL-RL1环形闪光灯

此环形闪光灯主要是在49-55mm口径的镜头上使用，可调整两挡照明亮度。

水下闪光灯

水下闪光灯主要用于用于水下摄影，是专门为水下摄影而设计的闪光灯。这种闪光灯的主要特点是有极好的密封性能和抗压能力,与水下相机配套使用时，不需要外加任何保护罩，既有利于提高拍摄效果，也使摄影者的操作较为灵活。

另外，需要注意的是水对光线的吸收是比较严重的，所以水下摄影的光线很差，闪光灯的范围也只能在水下达到其有效距离的一半，所以要注意避免曝光不足的问题。

Sea &Sea YS-01水下摄影闪光灯

此款闪光灯有100x100度的照明范围，GN值最高能达到20，有DS-TTL模式，以及十挡的手动曝光控制。

利用环形闪光灯拍花卉

利用环形闪光灯拍摄，可以看到画面中漂亮的花卉受光很是均匀，整个花卉的层次感得到了很好的表现，由外向内的光线变化与色彩变化都是视觉的亮点。

光圈：F4.5　快门速度：1/80s　感光度：ISO100
曝光模式：手动

水下拍摄

在水下拍摄，最重要的是能将图像清晰地呈现出来，其次才是光影效果，所以我们看到的画面往往更偏重于光线照射，有时甚至会产生局部的曝光过度，这是为了照顾整体性的曝光所致。

光圈：F16　快门速度：1/25s　感光度：ISO100
曝光模式：光圈优先

实战演练

拍摄时尚人物照

光线具有神奇的力量，以光造型，用光绘画是摄影永不改变的定律。不同的光型光效以及布光模式可以拍摄出不同感觉的画面效果，而有时往往一个简单的灯光就可以改变整个画面的视觉感，甚至我们平时所见到的大牌杂志封面那些时尚人物的光效，有可能就是我们平时最常用的布光模式。光线没有等级，只要我们愿意去多加练习与探索。

这是一张表现首饰的广告图，柔和的光线加上点光源的修饰，使得整个画面显得十分唯美。

这是一张表现妆面的效果图，另类的发型与夸张的妆面相互结合，显得十分融洽，而紫色的眼影与淡紫色的唇部又相互呼应，使得整个画面看起来十分协调。

典型的蝴蝶光加之以模特夸张的发型、艳丽的红唇给人一种视觉上的夸张，而油画效果的背景，却给画面带来一种艺术感。

整个画面的光线重点落在衣服上，全光位的展示使得衣服看起来显得非常抢眼，当然也并没有放弃人物整体的光效。背景光的运用使得人物显得非常立体，而人物左侧反光板使得人物的阴影显得柔和了很多。

整个画面给人一种另类与时尚感，虽然很普通的衣着，但在独特的光型光效下让人看起来与众不同。背景光的运用修饰了背景的同时也在画面中修饰着人物的腰部与臀部，而高位前侧光恰巧在人物面部形成伦勃朗光效，一块反光板使画面柔和了许多。

包括绘画和摄影的所有二维艺术的最基本挑战之一是表现一个真实物体的三维质感和体积，这很大程度上取决于照明，因为有光才会出现不同程度的阴影，而阴影则是突出立体感和体积的最主要元素。我们知道定向的光线可以制造出清晰的投影，能得到光与影的合理平衡，而要想得到这样的效果，顺光或逆光都不是很好的选择，因为顺光下阴影只占拍摄对象很小的一部分；逆光下受光体的部分又太小。而任何形式的侧光都可以更合理地分割灯光和投影。

利用光线塑造立体感的方法涉及两个方面：一方面是拍摄对象表面从一侧到另一侧的明暗变化，这能表现体积；另一方面是阴影边缘的本身。这两个方面表现合适的话，我们可以从相机的取景框中看物体的形状立体感和物体表面更多的细节和凹凸感。

利用侧逆光来表现不同的白色餐具，如画面中所展现出来的效果，白色的碟子在侧逆光和阴影的共同作用下，白色的釉质与起伏的纹路都被清晰地表现出来。

细碎的沙砾和粗糙的石头表面以及曲线形的纹路在斜侧光的照射下显得清晰而富有质感，柔和的阴影与高光共同塑造出画面中曲线的纹路。

由明到暗的光线变化使得整个画面有一种层次感，而柔和的光线更展示瓷器釉质的细腻感。光影的变化将白色的纹路也表现了出来。

画面中拍摄的是一件皮衣的局部——拉链，没有过多的修饰，只是侧逆光的光影效果使得拉链的金属与皮衣分离开来。由于光照不是特别强烈，且光比反差较小，我们可以看到画面中光线的柔和过渡，而金属的拉链也没有出现刺眼的反光，使得整个画面有一种柔和的美感。

在拍摄对象所有可能的物理特性中，透明感的表现最需要细心的处理，而且这种表现在很大程度上取决于各种逆光的运用。物质的透明感是一种不张扬的、很难捕捉的特性。

一个半透明的拍摄对象本质上会折射它的背景，所以在拍摄时首要考虑的是对背景布光。最常见的方法是用光来营造背景，大部分情况下，有效的布光包括了使用逆光。而如果我们必须在画面中强烈地表现这个半透明拍摄对象，就需要对穿透它的光线做一些变动，其中最容易做到的方法就是采用穿透式照明法，光源应该具有较大的面积且相当的均匀——理想的做法是在拍摄对象下方布置一个灯箱。

对于完全透明的物体，拍摄时会产生另外的问题：怎样能获得一张干净、易读的画面？答案是将拍摄对象的边缘轮廓清晰地表现出来，所以为了最大限度地表现瓶子或玻璃杯的轮廓，应当尽力遮挡背光，一般是通过使用黑卡来实现。当然也可以采用把光源向后推远的方法。

拍摄透明的液体首先要表现液体的色彩和透明感，所以柔和的逆光加之以白色的背景是最好的选择。如我们画面中所看到的一样，黄色的香水清澈而柔和，逆光下的玻璃透明但轮廓可辨，金属涂层的瓶盖也被很好地表现出来。整个画面效果光线柔和，给人以清新淡雅的感觉。

白色的背景衬托着浅蓝色的水杯，显得干净而富有美感，光线是由杯子的后方照射，使得杯子看起来非常透彻，而边缘又极具线条感。

拍摄透明的玻璃并不是一件容易的事，因为玻璃本身的透明感可以降低自己的存在感，但在拍摄时我们可不需要这样低的存在感，而是需要它实实在在地展现在人们的视觉中，所以对透明玻璃边缘的勾勒显得尤为重要。画面中利用高角度的逆光很成功地将灯泡的透明边缘勾勒出来。

红酒属于半透明液体，漂亮的暗红色色泽是极具美感的，但对于盛红酒的玻璃高脚杯和酒瓶需要格外注意，玻璃本身的反光和映射都很强，所以在布光方面需要留意高脚杯与瓶身的反光与映射。

Chapter 06

色彩基础

色彩语言

色彩的含义非常丰富，生活中一些常见的颜色在不同的场合下使用所蕴含的意义也各不相同，如红色的苹果是一个具象的物体，但抽象的红色还表示警告、危险的意思，如红绿灯、加油站的红色禁烟标识等。另外，红色还有热烈、欢快的意思，如节日中的红灯笼。

蓝色的寂静

即将到来的夜幕给人一种寂静感，从画面中我们可以看到，远处的太阳已经落下，只留下一点淡淡的光亮，整个画面被蓝色包围，向所有人昭示着夜晚即将到来。

光圈：F8　快门速度：1/60s　感光度：ISO100　曝光模式：光圈优先

色彩是形成画面效果的重要因素，它可以传递出一种难以言喻的视觉情绪，具有强烈的感染力，不同的色彩刺激会使观者产生不同的生理或心理反应，从而影响到观者的情绪或心情，这也就是色彩的情感效果，就是我们标题中所说的色彩语言。不同的色彩在视觉上给人的心理感受各不相同。比如红色表现力量；黄色表现光辉；蓝色表现清凉。在我们实际拍摄与创作中，越了解这种色彩语言，越能够更好地运用，从而创作出更多吸引眼球的作品。

红色的枫叶

红色代表着热烈、热情，而自然界中的红色更是最吸引人视觉的色彩，如秋日的红叶，它们独特的色彩，给秋日带来一种抹不去的浓艳。

光圈：F3.5
快门速度：1/500s
感光度：ISO100
曝光模式：光圈优先

金黄色的落叶

金黄色的杨树叶是秋日最显著的特征，也是秋日所独有的色彩，它的存在彰显着这个季节的到来。

光圈：F8　快门速度：1/400s　感光度：ISO100
曝光模式：光圈优先

紫色的薰衣草

紫色给人以浪漫、高贵的感觉，逆光下紫色的薰衣草显得愈发漂亮，带给人一种浪漫的气息。

光圈：F2.8　快门速度：1/500s　感光度：ISO100
曝光模式：光圈优先

色 相

色彩的构成原理就是利用色彩的色相、明度、饱和度之间的对比与调和规律来达到色彩秩序。在本节中我们将着重讲述色彩的三要素之一——色相。色相就是指色彩的相貌，如红、黄、绿，蓝等各有自己的色彩面目，是色彩的首要特征，更是区别各种不同色彩的最准确的标准。事实上任何黑、白、灰以外的颜色都有色相的属性，而色相也就是由原色、间色和复色来构成的。

色相与光的主波长有关，指不同波长的光给人的不同的色彩感受。对于我们平时所说的红、橙、黄、绿、蓝、紫等每个字都代表一类具体的色相，它们之间的差别属于色相差别。

最初的基本色相为：红、橙、黄、绿、蓝、紫，在各色中间加插一两个中间色，即其头尾色相，按光谱顺序为：红、橙红、黄橙、黄、黄绿、绿、绿蓝、蓝绿、蓝、蓝紫、紫、红紫。红和紫中再加个中间色，可制出十二基本色相模型。这十二色相的彩调变化，在光谱色感上是均匀的。如果进一步再找出其中间色，便可以得到二十四个色相，再把光谱的红、橙、黄、绿、蓝、紫等色相带圈起来，在红和紫之间插入过渡色，从而构成环形的色相关系，便称为色相环。在色相环的圆圈里，各色相按不同的角度排列，则十二色相环每一色相间距为30度，二十四色相环每一色相间距为15度。

色相以其惊人的魅力唤起人们对美的联想，在不知不觉中左右着人的情绪、精神和行动。不同的颜色可以使人联想到某些特定的色彩，如看到红色就想到了草莓、苹果和太阳、血液、危险；看到黄色就想到香蕉、菠萝；看到蓝色就想到大海和天空等。

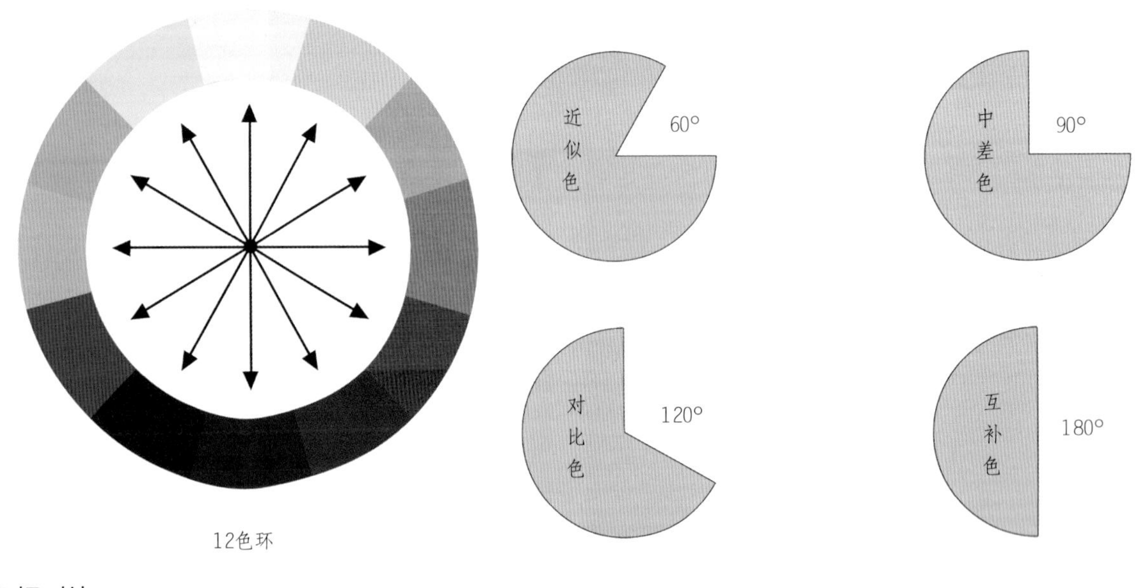

色相对比

在图中我们可以看到，左侧为伊顿色环，十二种颜色依色相排列成环，而右侧小图说明的是两种颜色构成近似色、中差色、对比色和互补色的条件。

红 色

红色的皮鞋在视觉上给人以艳丽的感觉，并且由于这种色彩的视觉存在感较强，会成为人们所瞩目的焦点。

光圈：F8　快门速度：1/125s
感光度：ISO100　曝光模式：手动

橙 色

画面中的是橙子，其表面的色彩就是我们所说的橙色，橙色也称为橘色，这种色彩在自然界中常存在于植物中。

光圈：F7　快门速度：1/250s
感光度：ISO100　曝光模式：手动

金 色

金色是一种富贵的色彩，也是一种时尚的色彩，因为在人们的认知中看到金色多会想到黄金，因而使得金色更是一种高品位的象征。

光圈：F3.5　快门速度：1/200s
感光度：ISO100　曝光模式：手动

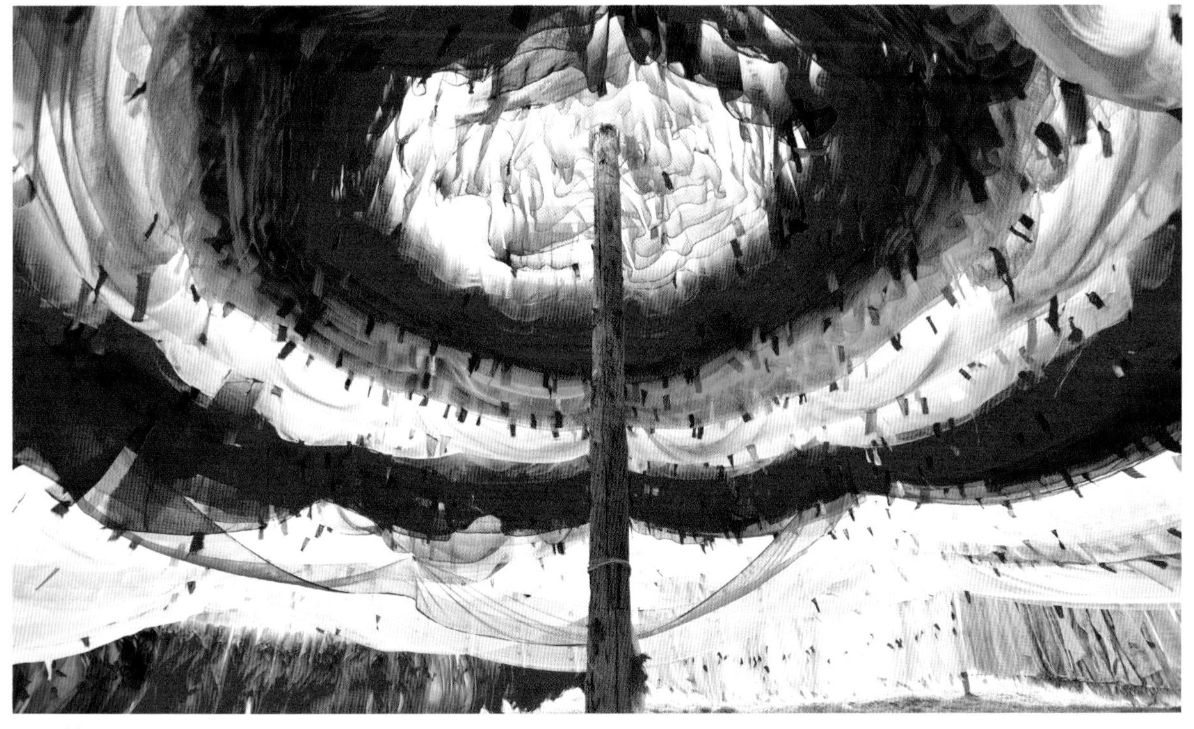

风马旗

风马旗源于一种原始祭祀文化，主要由对动物魂灵的崇拜而来，就是把质地稀疏的白布分别染成蓝、白、红、黄、绿的彩布，用绳子连在一起，高高地悬挂在显眼处。蓝色象征天空，白色象征祥云，红色象征火焰，黄色象征大地，绿色象征水。

光圈：F5　快门速度：1/25s　感光度：ISO400　曝光模式：光圈优先

明 度

明度即色彩的明暗差别，也即深浅差别，色彩的明度差别包括两个方面：一是指某一色相的深浅变化，如粉红、大红、深红，都是红，但一种比一种深。二是指不同色相间存在的明度差别，如六个标准色中黄色最浅，紫色最深，橙色和绿色、红色和蓝色处于相近的明度之间。

明度可以简单理解为颜色的亮度，是指色彩光泽明、暗、强、弱的程度，不同的颜色具有不同的明度。任何色彩都存在明暗变化，在色彩中以黄色的明度最大，紫色的明度最小；在消色中以白色的明度最大，黑色的明度最小。黑色与白色之间的灰色，在明度上分为九个等级，中间的为标准灰色的明度，我们称之为中灰或18%灰。一般来说，色彩的明度越大，对人的视神经扩张作用也就越大；相反，色彩的明度越小，对视神经收敛作用也就越厉害。

针对于单个彩色物体时，其明度取决于物体表面的反光率，反光率越大，对视觉刺激就越大，就显得越明亮，这一色彩的明度越高。对于同一色相的色彩，被不同强度的光线照射，所呈现出来的色彩是不相同的，这是因为它反射出来的光量不一样。因此在拍摄时，照射光的强度越大，反射出来的光量也就越多，色彩的明度也就越大，在视觉上看起来就越艳丽，但色彩饱和度降低，色相也会随着改变；反之，照射光的强度越弱，反射出来的光量就越少，色彩的明度也就越小，饱和度也随着降低，视觉上看起来就显得十分暗淡，色彩的色相也跟着发生变化。

明度在三要素中具有较强的独立性，它可以不带任何色相特征而通过黑白关系独立表现出来。而色相与饱和度则须依赖一定明度才能显现。

掌握好色彩的明度，对色彩的应用有着重要的意义。

特写花瓣

随着光线的改变，色彩的明度也会发生变化，黄色的花瓣在高光处显得很亮，而在阴影中则显得很暗，这主要是色彩的明度不同，转换成黑白画面，我们可以看到明度低的地方黑色区域也就越重。

光圈：F8　快门速度：1/100s　感光度：ISO320　曝光模式：手动

红色与黄色的明度

不同的色彩明度也不相同，在画面我们可以看到，一朵红色与一朵黄色的花朵只是色彩上的差别，而当转换成纯粹的黑白色时，我们会发现，红色的花朵在画面中显得更暗一些，这就说明红色比黄色明度低。

光圈：F4　快门速度：1/160s　感光度：ISO100　曝光模式：光圈优先

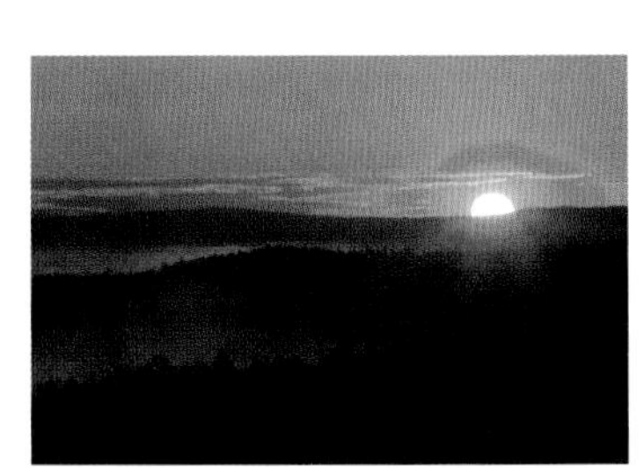

落　日

我们知道，色彩的明度具有独立性，当去除色彩本身，其明度也会单独存在。

光圈：F16　快门速度：1/100s　感光度：ISO100　曝光模式：光圈优先

饱和度

在色彩领域，纯色相具有完全的饱和度，换句话说，他们的色彩强度是最大的，但我们在生活中所见的大部分的色彩都比这种色彩的饱和度低，一直低到完全没有色彩饱和度的灰色。在前文中我们看到原色色相和大部分不加任何限定词的色彩（例如说“蓝色”，而不说“钴蓝”）是完全饱和的，对于这些色彩来说，任何变化都只有一个方向——向灰变化。在自然界里，尤其是在规模更大的景观或风景全貌中，大部分的色彩都是不饱和的。

了解饱和度

由前面的小节中我们知道，色相是色彩感知的第一个参数。而其他两个参数分别是饱和度和明度，而这两者都是色相变化产生的。饱和度就是指色彩的鲜艳程度，也称色彩的纯度，饱和度是以阳光的光谱色为标准，越接近光谱色，色彩饱和度越高，如果一种色彩中掺杂了别的颜色，或者加了黑或白，其饱和度便降低。

饱和度和明度不能混为一谈，明度高的色彩，饱和度不一定高，如浅黄明度较高，但其饱和度比纯黄低，而颜色变深的色彩（即明度降低），饱和度并不提高，如红色中加黑成为暗红，它的饱和度也就降低了。

在实际运用中，我们可以看到当色彩的饱和度降低时，色彩本身会变得更灰，更浑浊、更脏；相反，色彩的饱和度越高，色彩也就越艳丽，越能发挥其固有的特性。比如我们最常见的红和绿配置在一起，往往具有一种对比效果，但是只有当红色和绿色都呈现饱和状态时，其对比效果才最为强烈，如果红色和绿色的饱和度降低，红色变成浅红或暗红，绿色变成淡绿或深绿，把它们仍配置在一起，相互对比的特性就会有所减弱，从而趋于和谐。

高饱和度画面

高饱和度的画面色彩较为纯正，如我们上图所看到的，艳丽的色彩首先在视觉上吸引观者的注意，给人以干净、清爽的视觉效果。

光圈：F8　快门速度：1/100s　感光度：ISO200
曝光模式：手动

低饱和度画面

这幅画面是电脑处理成低饱和度生成的，由上图的对比来看，低饱和度画面显得有些脏，在视觉上并不是特别吸引人。

光圈：F8　快门速度：1/100s　感光度：ISO200
曝光模式：手动

不同条件对饱和度的影响

不同的饱和度造就了画面不同的层次效果，而对于摄影画面来说，不同的外在条件也会影响到画面的饱和度，所以只有合理地利用外在条件，才能更好地展示画面的色彩，拍摄出我们想要的画面效果。

1.天气状况。通常状况下，阳光和蓝天会表现出更具饱和度的色彩。但需要注意的是，烈日照射在非常浅的颜色上会给色彩带来一种漂白的效果而不是强烈的色彩。

2.时间。在正午时分的强烈顶光非常刺目，它可以令景物丧失一些色彩。而上午与下午的斜侧光，以及清晨与黄昏的有色光线会带来更大的饱和度，显现出更灿烂的色块。

3.距离。在室外拍摄时，色彩的饱和度随着其所处位置的远近不同有所变化。如果拍摄对象所处的位置离观者较远，看上去它的色彩饱和度会降低。

4.曝光。曝光对色彩所展现出的饱和度也有影响，纯正的色彩，当它被正确曝光时，再现出的色彩饱和度最高，当曝光过度或不足时，色彩的饱和度就会降低。

5.渐变滤光镜。使用渐变滤光镜可用来加深蓝天而不加深照片下部的内容。对于单调的无色天空，我们可以使用渐变滤光镜来为天空添加蓝色或者其他颜色的饱和度。

6.增强型滤光镜。增强型滤光镜可以人为地为景物添加红色调，它特别适用于增加秋天、沙漠景色以及建筑物的表面饱和度。

7.偏振镜。偏振镜不单用于加深蓝天和消除窗户上的反射，还可以减轻物体的反射率，使物体的色调变得更加丰富。简而言之，它可以深化水的颜色，虽然它也可以令水完全变黑。

曝光不足

曝光不足的画面，在色彩的表现上要弱一些，画面显得非常暗，色彩表现也不是很好。

光圈：F11　快门速度：1/200s　感光度：ISO100
曝光模式：手动　曝光补偿：0

曝光正常

曝光正常的画面，我们可以看到橘色的花卉色彩很纯正，而绿色也显得特别浓郁，蓝色的天空显得很干净，整个画面给人一种明朗的感觉。

光圈：F11　快门速度：1/40s　感光度：ISO100
曝光模式：光圈优先

曝光过度

曝光过度的画面在色彩上看起来有所改变，虽然在理论上色彩饱和度会降低，实际看到的画面像是褪色一般。

光圈：F8　快门速度：1/40s　感光度：ISO400
曝光模式：手动

阴天中的色彩

在阴天色彩的表现力要弱一些，因为阴天的光线柔和，但色彩的纯度要比晴天的好。如我们在画面中所见到的，黄色的油菜花虽然色彩的纯度要高一些，但色彩饱和度不及晴天里拍摄的。

光圈：F11　快门速度：1/100s　感光度：ISO100　曝光模式：光圈优先

光线对色彩的影响

从这个走廊的光线变化，我们可以很清楚地看到光线变化所带来的色彩之间的变化。

光圈：F2.8　快门速度：1/1000s　感光度：ISO100　曝光模式：光圈优先

五彩斑斓的物体色

我们知道树叶是绿色的，万寿菊是橘色，草莓是红色的，这些我们都称为物体的固有属性，但其成色的本质仍是由于光的作用。当光线照射到物体上的时候，根据物体的材质，会有选择地反射、透射或吸收自然光线，从而形成了物体的固有色，我们称为物体色。光的作用与物体的特性是构成物体色的两个不可或缺的条件，它们互相依存又互相制约。

了解物体色

色彩分为两种，一种是自己可以发光的物体本身所带有的颜色我们称之为光源色，另一种是自身不能发光，需要依靠反射或折射光源色来展示色彩，我们称之为物体色。太阳、荧光灯、白炽灯等发出的光都属于光源色，从内部发出颜色的电视机、显示器、手机等也属于光源色。光照射到某一物体后，反射或穿透物体所显示出的效果就是物体色，如草莓的红色、柿子的黄色、叶子的绿色等，我们日常所见到的非发光物体都会呈现出不同的颜色，这些都是物体色。

在实际拍摄中，我们看到的色彩和相机记录的色彩不仅取决于光源，同样也取决于光源照射的物体表面的加工特性，因为物体表面的加工光洁度逐渐提高，固有色将逐渐消失。

当投射光由白色变为单色光时，情况就不同了，在白光照射下的白纸呈白色，在红光照射下的白纸成红色，在绿光照射下的白纸呈绿色。因此，光源色光谱成分的变化，必然对物体色产生影响。

鞋

色彩之所以有差别，是因为物体所接收和反射的光线有所不同，因此在视觉上给人的感觉也会不同。如图所示，相同质地的鞋子可以具有不同的色彩，这也说明色彩在一般情况下和物体的质地没有太大的关系。

光圈：F11　快门速度：1/250s　感光度：ISO100　曝光模式：手动

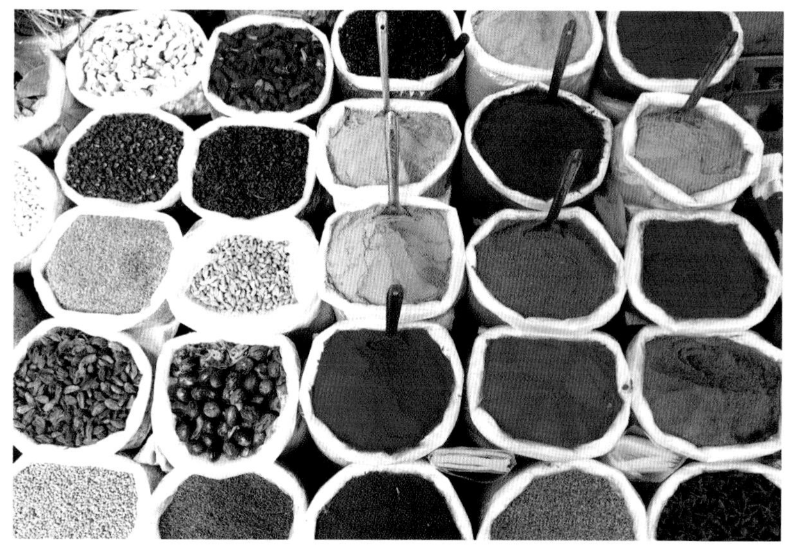

调 料

画面中拍摄的是一个调料店里贩卖的调料，这些不同色彩的调料将物体固有的色彩展现了出来。

光圈：F8　快门速度：1/100s
感光度：ISO100　曝光模式：光圈优先

织 物

在画面中我们可以看到不同色彩的织物，这些不同的色彩我们称之为物体色。如我们在前面所说的一样，物体色与物体本身的材质没有太大的关系，相同材质的东西色彩也可以不同，其前提是必须在同等的光线条件下，也就是说光线可以影响到物体色。

光圈：F3.5　快门速度：1/500s
感光度：ISO100　曝光模式：光圈优先

紫色的花卉

对于植物来说，其物体色不同主要在于其内在所含的细胞不同，我们看到紫色的花瓣，则表明这种花瓣中的表皮细胞不吸收紫色波长的光线。

光圈：F2.8　快门速度：1/400s
感光度：ISO100　曝光模式：光圈优先

热烈的红色

从视觉上说，红色是最引人注意，最具有吸引力的颜色之一，它能马上吸引人注意，同时还附带有许多强烈的联想。

红色是电磁波可视光部分中的长波部分，波长大约为630-750nm，是三原色和心理原色之一。红色是一种非常吸引人的颜色，与冷色放在一起，尤其是红色和蓝色，在视觉中往往可以最先吸引人的注意。

红色也是热情的，是象征火焰和心脏的色相，并且可以给人带来无限的活力。红色可以给人带来强烈的视觉效果。在我们描述这种色彩的语言时，可以用吉祥、魅力、奔放、热情、热烈、激情、斗志、有自信、有力量、有活力和快乐等字眼来形容它。另外，通过红色又可以感受到强烈的刺激感，所以能体现出男性美，因此我们常在一些杂志或广告版面看到身着红色的男人也就不足为奇了。

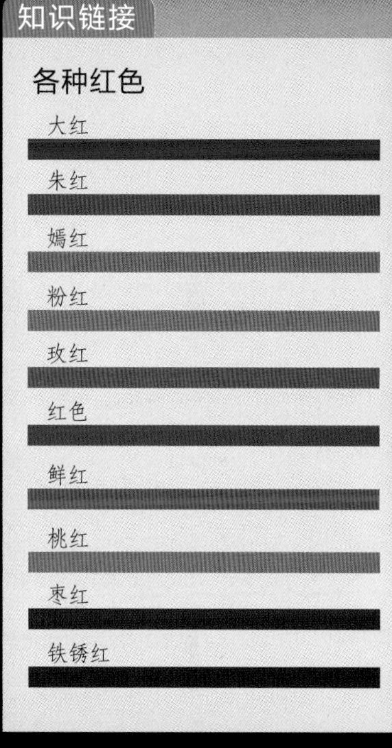

红色礼服

在中国红色象征着喜庆、吉祥等，而在传统文化中又有“中国红”这一名称，可见红色在中国的特殊地位。在古时，用红色来装扮新娘，表示一种喜庆感，而在当今，红色更代表着一种奢华。我们看到，美丽的新娘身穿红色的礼服，雍容华贵而又典雅大方，非常吸引人的注意。

光圈：F10　快门速度：1/160s
感光度：ISO100　曝光模式：手动

番 茄

红色的番茄上停留着圆融的水滴，给人一种新鲜、可口的视觉感，这幅画面拍摄得很成功，光看画面就可以很轻易引起人们的食欲，在我们实际的生活中，红色元素非常常见，除了红色番茄外，还包括红色的苹果、彩椒、辣椒等。

光圈：F2.8　快门速度：1/400s　感光度：ISO50　曝光模式：光圈优先

明亮的黄色

黄色是所有颜色中最明亮、最轻的一种，这是它最显著的特点。这也正是它被实际应用于各种符号，同时也让人联想到这些符号的原因。

黄色是光的颜色，会令人想起太阳，而且在自然界及人类世界中都非常常见，有着无比的光辉和绚烂。黄色也是明度最高的纯色，给人以智慧、明朗、快活、进取的联想，而且通常被认为是一个快乐和有希望的色彩。在中国古代黄色是帝王的象征色，有高贵、威严的含义，普通人不得使用。另外，东方佛教喜爱雅素、脱俗，也常用黄色暗示超然物外的境界。黄色有时也被认为是不祥的颜色，它的消极意义代表懦弱、妒忌、背信弃义、侮辱，这些含义来自于中世纪的艺术家。

在我们日常的拍摄中较少见到大面积纯度较高的黄色，它倾向于存在更小的物体中，如油菜花、万寿菊、黄水仙、秋天的树叶等。

由于黄色是一个高可见的色彩，因此它也被用于健康和安全设备以及危险信号中，这个高可见是明显引人注目的，如果用在居家中就显得刺眼，妨碍视觉，尤其是墙面的粉刷时，更不能使用纯黄色这种高亮的色彩。人们对黄色纯度的容忍性非常小，为了获得纯黄色，色相必须非常确切，即使加入非常轻微的绿色也可以很容易显现出来。

黄色泊车杠

现如今，这样的泊车杠我们随处可以见到，其上黄色与红色均为醒目的色彩，起到了提醒别人的目的。

秋 叶

黄色是秋日里不可或缺的色彩，在秋季，有好多植物叶子中的色素细胞会逐渐转变为不吸收黄色色光。

光圈：F16　快门速度：1/100s　感光度：ISO100

曝光模式：光圈优先

知识链接

各种黄色

淡金黄色

浅金黄色

黄绿色

米黄色

浅黄色

黄色

金色

金黄色

深金黄色

暗金黄色

黄色的各种能量

黄色是一种纯度和亮度都非常高的色彩，在上面展示的彩色方框里面，我们可以看到，相同的黄色方框放在不同的色框里给人的视觉效果也不相同。以黑色为背景的黄色非常显眼，极具视觉冲击力，色彩也显得更加饱和；而在以白色为背景的黄色看起来就有些平淡，色彩饱和度似乎被削弱。

黄色的月季

在自然界中，我们可以很轻易地找到黄色，如我们所拍摄的花卉，由内而外的黄色色彩明度非常高，层层叠叠的花瓣尽显华贵，我们不能不惊叹于大自然的美妙。

光圈：F4　快门速度：1/125s　感光度：ISO100　曝光模式：光圈优先

安静的蓝色

蓝色是一种安静的、相对较深的冷色系颜色，在摄影中非常常见。

蓝色是三原色中最暗的色彩。另外，蓝色还具有透明性，在视觉上可以给人以通透感。蓝色是大海与天空的颜色，在自然界中非常常见。蓝色在整体上表现为冷色，它暗示着一种孤独、寂寞、悲痛等负面情绪。但从另一方面来说，浅蓝色又可以给人带来一种清爽、安静、宽广等正面性的感觉。

从摄影的角度上来说，纯蓝色是最容易找到的颜色之一，因为干净的天空是蓝色的，它的反光也是如此，如湖水、海面、阴影等，所以在深水下拍摄的照片有一种很深的蓝色色调。

山中迷蒙的雾气

很明显在拍摄时使用了蓝色滤镜，如我们在画面中所看到的，在蓝色滤镜的作用下雾气会显得浓重一些，而且给人一种虚幻的飘渺感，而整体统一的色调又给人一种干净、透彻的感觉。

光圈：F16　快门速度：1/25s
感光度：ISO100　曝光模式：光圈优先

天空中的蓝色

蓝色最常见于我们头顶的天空，晴朗的蓝色给人以开阔、宽广的视觉心理感受，但夜幕下的蓝色则会有一种夜晚的静谧与宁静，不同的蓝色会给人以不同的视觉感受。而画面中的蓝色则给人一种压抑的寂静感，飞机的剪影、远山的轮廓，太多的黑色元素使得画面看起来很低沉，即使有画面左下角炫目的白光，也无法将画面回归于活跃。

光圈：F32　快门速度：1/1000s　感光度：ISO100　曝光模式：手动

海水中的游鱼

在每个人的印象中，海水都是蓝色的，这是由于干净的天空是蓝色的，所以海水可以映射天空的色彩，从而使得我们远远看去泛着蓝色，走近看却是透明的，所以在水下拍摄出来的画面也是蓝色的。

光圈：F4　快门速度：1/100s　感光度：ISO100　曝光模式：手动

祥和的绿色

绿色和大自然紧密相关。作为自然的主要颜色，绿色同时也是我们眼睛最为敏感的色彩，我们的视觉细胞可以辨别大量的绿色。

在黄色和蓝色之间的绿色具有最广的可辨性和视觉范围，它可以展示出许多不同的形式，每一种都有其明显的特点，这主要取决于它所包含的黄色与蓝色成分的多少。尽管绿色只有中等亮度，但它是人眼最能分辨的颜色，在低强度照明的情况下，绿光比其他波长的光更容易让人看清楚。

绿色常常给人一种祥和博爱、无限安全的感受。因为绿色一般是生长中的植物的主色，因此绿色代表着活力、生长、宁静、青春、希望，更代表着大自然中的每一个可贵的生命，所以绿色常被加注于环保活动、动物保育活动、休闲活动时所使用的颜色。

印第安舞女

舞蹈是原始印第安生活的重要组成部分，但现在印第安舞已经被越来越多的人所青睐，成为了世界文化遗产的一部分。

光圈：F2　快门速度：1/400s　感光度：ISO100
曝光模式：光圈优先

球场上的绿色

绿色也是球场上比较常见的色彩，绿色的草坪、绿色的球衣，这一切展现着球场上的活力。

光圈：F9　快门速度：1/125s　感光度：ISO100
曝光模式：光圈优先

绿色的叶子

绿色大量存在于自然界中，而其中更以不同形状的叶子居多，画面以特写的形式表现几片沾染着露珠的绿色叶片。

光圈：F1.2　快门速度：1/1000s　感光度：ISO50　曝光模式：光圈优先

经　幡

经幡是藏区最为常见的一道风景，由蓝、白、红、绿、黄五色布缝在长绳上。

光圈：F16　快门速度：1/800s　感光度：ISO100　曝光模式：光圈优先

知识链接

各种绿色

深绿色

深橄榄绿色

深海绿色

中海绿色

浅海绿色

淡绿色

春绿色

草绿色

绿色

查特酒绿色

中春绿色

绿黄色

石灰绿色

黄绿色

森林绿色

神秘而浪漫的紫色

从物理学上讲，在可见光谱中，紫色光的波长最短，波长再短就是看不见的紫外线了，因此眼睛对紫色光的细微变化分辨力很弱，极易感到疲劳，所以大多数人在分辨紫色时感到非常困难。紫色是一种优雅、浪漫，略带神秘的色彩，是由温暖的红色和冷静的蓝色混合而成，是极佳的刺激色，它代表高贵、幸运、财富、华贵。

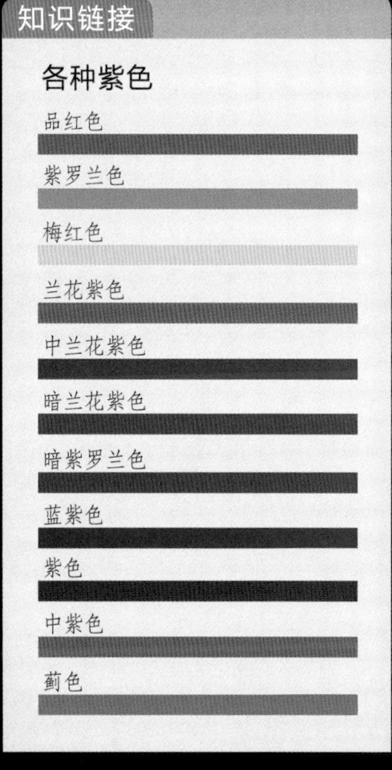

浪漫的薰衣草

紫色的薰衣草并不是名贵的花朵，在花语中它代表着等待爱情和遭遇爱情，细碎的花瓣簇拥在一起，不张扬，不放肆，只是以它所独有的幽香来感动着世人，以它独有的色彩让世人惊艳。

光圈：F5.6　快门速度：1/1000s
感光度：ISO100　曝光模式：光圈优先

紫色的美女樱

山谷间的美女樱，花繁色艳，一簇一簇的紫色为山谷增添了一丝浪漫气息。

光圈：F5.6 快门速度：1/400s
感光度：ISO100 曝光模式：光圈优先

紫色的浪漫

在新娘的礼服中紫色更好地烘托了浪漫的爱情，画面中漂亮的新娘穿着紫色的纱裙，与爱的人共同牵手向前奔跑，这本身就是一件极其浪漫的事情。

光圈：F4 快门速度：1/1250s 感光度：ISO200 曝光模式：光圈优先

鲜艳的橘色

橘色又称为橙色，在光谱上，其介于红色和黄色之间，波长则在585纳米到620纳米之间。融合了它的两种临近色——红色和黄色的强烈特点，是一种鲜艳的、发光的颜色，在实际拍摄时，我们不可避免地与钨丝灯联系在了一起。

利用画框拍摄

秋收的玉米棒子占据了大半幅画面，没有过多的修饰，也没有过多的言语说明，但我们看到的是一个属于秋日的丰收。

光圈：F8　快门速度：1/800s　感光度：ISO100　曝光模式：光圈优先

橘色是黄与红的混合，所以其吸收了二者的某些特点。纯橘色是发光的、有力的颜色，其在空气中的穿透力仅次于红色，而色感较红色更暖。橘色也是欢快、活泼的光辉色彩，当它明亮一些会变成淡米色，而深一些就成了棕色。橘色常常会使人联想到金色的秋天，丰硕的果实，节日的灯火等，所以橘色是一种富足、快乐而幸福的颜色。在视觉心理学上，橘色代表着庄严、尊贵、神秘等感觉。在外部的世界里，可以从花里找到纯橘色，而掺杂的橘色则可以在钨丝灯光的色调里、蜡烛火焰里和其他低色温（低于2000K）的光源里见到。

虞美人橘色的花瓣

这是一种山间的虞美人，当地人称之为鸡蛋花，黄色的花蕊、橘色的花瓣，颇有小家碧玉的清新与美丽。

光圈：F4　快门速度：1/2000s
感光度：ISO100　曝光模式：光圈优先

落日中的橘色

落日为天地间洒上一片灿烂的光辉，整个画面被橘色的光线所笼罩，给人一种太阳落山之前的热烈。

光圈：F16　快门速度：1/40s　感光度：ISO100　曝光模式：光圈优先

知识链接

各种橘色

橘色

铜色

冷铜色

珊瑚色

金色

柑橘色

旧金色

凝重的黑色

黑色代表光线与影调的缺失，在摄影中可以简单地用不曝光制作出来。纯黑色不包含任何细节，它对于建立画面中的密度和色彩鲜艳程度是必不可少的。

一幅画面中确保具有一小块纯黑区域对画面来说非常重要，它会以一种难以让人察觉的方式影响着画面。

从色彩意义上来讲，黑色的中立超过了大部分联想和象征意义，当它非常强烈地出现在图片中，它代表了神秘、沉重、冷酷、阴暗、黑暗、非正义和不光明等。在绘画、文学作品和电影中黑色也常用来渲染死亡、恐怖的气氛；16世纪和17世纪，特别是17世纪中期的荷兰，它是贵族间顶级时尚的色彩；对于现在的时装界来说，黑色代表稳定与庄重。

剪 影

物体在逆光条件下多呈现为暗黑色，如我们画面中所看到的大块区域的剪影，被黑色所笼罩。

光圈：F22　快门速度：1/125s
感光度：ISO100　曝光模式：光圈优先

低调人像

黑色还存在于低调人像中，大面积的黑色区域加重了画面的神秘感，同时也起到了衬托的作用。

光圈：F13　快门速度：1/160s
感光度：ISO100　曝光模式：手动

光圈：F8　快门速度：1/250s　感光度：ISO100　曝光模式：手动

精美的白色

白色是一种包含光谱中所有色光的颜色，通常被认为是“无色”的，其明度最高，色相为零，与黑色正好相反。尽管理论上白色意味着没有颜色也没有影调，但是在实际操作中，这是最精美的颜色，在几乎每张照片中都扮演着重要的角色。

拍摄时，白色需要谨慎的曝光，数码相机比胶片相机需要更谨慎，轻微的曝光不足都会让白色的物体出现混浊，而轻微的过度曝光又会破坏其细节使得画面丧失层次。这主要是因为胶片对曝光具有非线性反应，也就意味着从操作角度上来说在你明显的曝光过度的情况下，仍能保留一些细节。但对于数码相机而言却达不到这种要求，因为数码相机中的传感器具有更加线性的反应，组成CCD或CMOS传感器芯片的光敏元件连续以相同的速率填充CCD或CMOS，直到充满，所以一旦充满，信号就立刻饱和，而且是没有任何余地的那种饱和，因此数码相机对高光部位的表现要比胶片相机差。

知识链接

各种白色

白色

雪白色

苍白色

烟白色

亮灰色

花白色

旧蕾丝色

亚麻色

古董白色

高调人像

白色象征着干净、纯洁，所以象征着和平与爱的小天使多用白色。如我们画面中的女孩儿，背着天使的翅膀，穿着白色的纱裙，给人一种纯洁、可爱的感觉。

光圈：F8　快门速度：1/100s　感光度：ISO100
曝光模式：手动

干净的餐具

白色代表着干净、整洁、明亮，所以在拍摄餐具时以白色为主色调，可以给人一种放松、无害的心理感受。但在拍摄时，一定要掌握好光影的变化，从而控制画面的层次。

光圈：F8　快门速度：1/400s　感光度：ISO100　曝光模式：光圈优先

白色的花卉

繁复的花瓣层层叠叠，只有在中心区域处有黄色花蕊，整个花朵看起来非常雅致、朴素，如青涩的少女般甜美可爱。

光圈：F8　快门速度：1/100s　感光度：ISO200　曝光模式：光圈优先

灰色介于白色和黑色之间，是无彩色中的一种，由于它的中性和“色彩”的缺失，我们的视觉对灰色的准确性非常敏感。在摄影的画面中，灰色可以平衡各种色彩，一幅画面，如果灰色处理好，很容易感染观者。

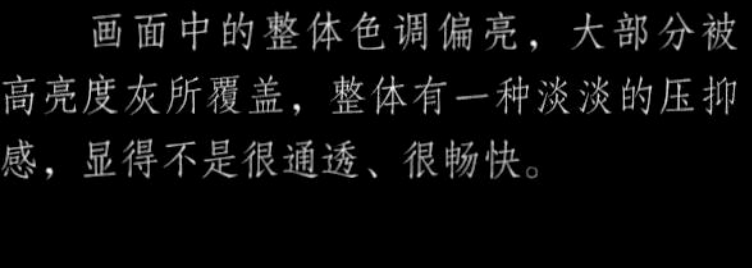

画面中的整体色调偏亮，大部分被高亮度灰所覆盖，整体有一种淡淡的压抑感，显得不是很通透、很畅快。

雾气弥漫的冬季，金山岭长城缺少了绿色的装扮，只有黑与白以及大面积的灰色，但这更加深刻地表现了长城的历史沧桑感。

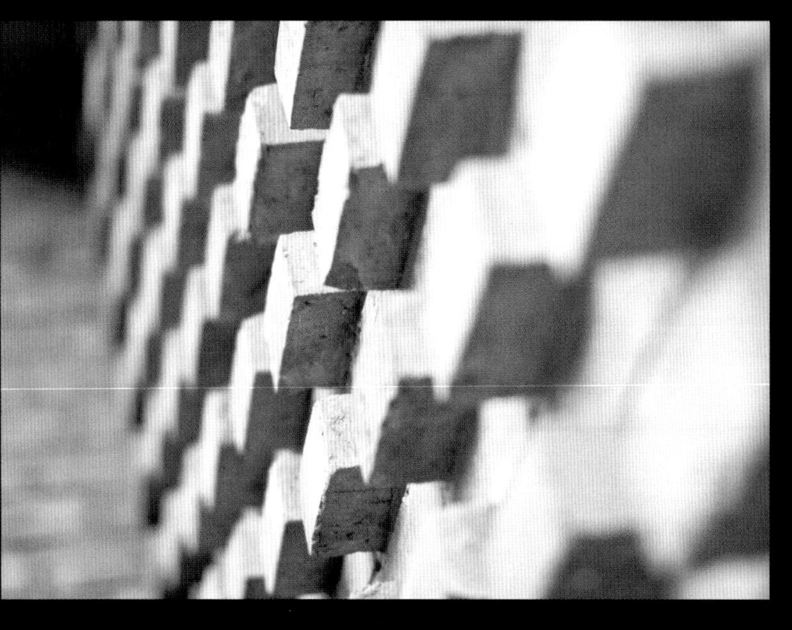

画面中拍摄的是墙面的一个局部，灰白的墙砖没有过多的色块对比，只有光与影的修饰，简单而直白，却包含了摄影构图中的点、线、面。

整个画面的大部分属于深灰色区域，以天空的亮度进行曝光，刻意使得画面变得低沉，结合模糊的经幡，使整个画面有一种神秘感。

后 记

摄影可以说是一门较为年轻的艺术门类，它虽然紧紧伴随着每个时代高新的科技发展而发展，但更是一种单独的个体形态。可以说摄影艺术是一种对现实高度概括，是来源于生活而高于生活的影像工作方式，更是一种高贵的雅文化。摄影不仅仅是一种视觉的艺术，它更是一种沟通与传达的语言，是作者的一种表达，正如说话是一种表达，写作也是一种表达一样。摄影的表达方式多种多样，如风光、静物、人像、纪实、民俗、观念等等，表达方式没有高下之分，可区分的只有我们的摄影图片够不够精彩，够不够富有内涵，够不够让读者细细品读。

说到摄影图片，我们就要涉及那些最基本的拍摄技法与理论，毕竟没有谁天生就是大师，走上摄影这条路，就需要我们不断学习，不断地充实自己，然后让自己的摄影之旅能走得更远，走得更宽。《数码摄影用光和色彩从入门到精通》就是这样一部由浅入深的书籍，在编撰这本书的时候本来想做一本更全面的书籍，将摄影的方方面面都细致讲到，但又考虑到范围太大太广难免会有照顾不到的地方，还不如就最精要的部分细致地讲给大家，让大家更好运用自己手中的相机结合摄影百年来的深厚艺术，从而拍摄出令人赏心悦目的照片，甚至于进行个人创作。

前面我在书中讲过，自然界中只有光，本没有色，是人的眼睛为了区别光的不同，建立了色的概念，大部分关于色彩的理论都建立在对人们的感觉实验的基础之上。在人的眼中有三种蛋白酶，分别敏感于某一特定波长的红、绿、蓝三种光中的一种，这样实际上人只能感觉到一个光谱中的三个特征方向。所以说色彩是一种视觉感受，客观世界通过人的视觉器官形成信息，使人们对它产生认识。

我们都知道，我们的生活不能没有光，光可以说是万物的生命之源、生之根本。而对于摄影来说更是如此，可以说没有光就没有摄影艺术，摄影就是依赖于光的存在。一张好的照片，一般应当具备：拍摄主体鲜明有特色，陪体搭配适当、层次丰富，色调和谐，有空间深度感等条件。这些都是每一个拍摄者在表现技巧上应当努力追求和极力实现的，而要做到以上几点，首先要掌握好对光线和色彩的了解和运用。

我记得摄影大师唐·麦库宁曾说过：“我有一种禀赋，能在恰当的时刻恰当的地方，或者至少在恰当的地方，耐心等待恰当一刻的到来。”可是处在时间流里的生活不是一枚硬币，只有正反两面，我们不能用恰当与不恰当去定义它，它处处充满了变数与偶然，我们所能做的就是更多地了解大自然赐予我们的光线，只有做到知己知彼，才能够在接下来的拍摄中达到百战不殆。毕竟没有什么是生而注定的，光线亦是如此。当然对于人造光线来说，我们也是可以控制的，但如何更好地控制，这也是需要我们思考的。

在说完光以后，我们接着说一说“色”。对于大多数人来讲，光和色似乎是两种概念，但实质上是一回事。在构成摄影美的条件中更是分不开，而且往往是统一的。我们在书中了解到，光有明暗之分，色彩也有冷暖之别。光对景物的照射使观者产生各种诸如明朗的、愉快、低沉的、消极的等感受，色彩在表达景物上也会使观者有不同的印象，例如红色给人热烈之感，绿色给人祥和之感，蓝色给人宁静之感，黄色给人华丽辉煌之感，紫色给人神秘浪漫之感，橘色给人柔和之感，棕色给人质朴之感，白色给人洁净之感等等。抛开视觉感官，从实质上讲，色彩就是光照在不同质地的景物上的一种反映，而且光对景物照射的距离、角度不同，景物本身的色调所反映出来的也不完全是原色，会出现深浅浓淡，甚至完全呈现为别的颜色。当然，这些在书中我们都提到了，如果你认真阅读了本书，相信对我说的这些就不会显得陌生了。

最后，希望大家在阅读完本书以后，能对摄影的用光用色有一个全新的体会，在摄影方面能有一个新的跨越。

图书在版编目（CIP）数据

数码摄影用光和色彩从入门到精通 / FASHION 视觉工作室编著 . -- 北京 : 中国摄影出版社 , 2014.12
ISBN 978-7-5179-0054-2

Ⅰ . ①数… Ⅱ . ① F… Ⅲ . ①数字照相机 – 摄影技术 Ⅳ . ① TB86 ② J41

中国版本图书馆 CIP 数据核字 (2013) 第 317654 号

书　　名：数码摄影用光和色彩从入门到精通
作　　者：FASHION 视觉工作室
出 品 人：赵迎新
责任编辑：张　璞
封面设计：衣　钊
出　　版：中国摄影出版社
　　　　　地址：北京东城区东四十二条48号　邮编：100007
　　　　　发行部：010-65136125　65280977
　　　　　网址：www.cpph.com
　　　　　邮箱：distribution@cpph.com
印　　刷：天津图文方嘉印刷有限公司
开　　本：16
纸张规格：787mm × 1092mm
印　　张：13.5
字　　数：280千字
版　　次：2015年 1 月第1版
印　　次：2020年10月第1次印刷
ISBN　978-7-5179-0054-2
定　　价：69.00元